FORSCHUNGSBERICHTE
DES WIRTSCHAFTS- UND VERKEHRSMINISTERIUMS
NORDRHEIN-WESTFALEN

Herausgegeben von Ministerialdirektor Prof. Leo Brandt

Nr. 58

Gesellschaft für Kohlentechnik m. b. H., Dortmund

Herstellung und Untersuchung von Steinkohlenschwelteer

Als Manuskript gedruckt

WESTDEUTSCHER VERLAG / KÖLN UND OPLADEN

1953

ISBN 978-3-663-03680-7 ISBN 978-3-663-04869-5 (eBook)
DOI 10.1007/978-3-663-04869-5

Forschungsberichte des Wirtschafts- und Verkehrsministeriums Nordrhein Westfalen

G l i e d e r u n g

1. Allgemeines über die Schwelung des Steinkohlenteers . . S. 5
2. Geschichte der Schwelung . . . . S. 7
3. Verschiedene Verfahren der Steinkohlenschwelung . . . . S. 11
4. Beschreibung der wichtigsten Verfahren . . . . S. 14
5. Allgemeine Chemie des Schwelteers . . . . S. 19
   A) Bildung des Schwelteers . . . . S. 19
   B) Kennzeichnung des Schwelteers . . . . S. 21
   C) Schwierigkeiten der analytischen Aufarbeitung . . . S. 27
   D) Einfluß verschiedener Betriebsbedingungen auf
      die Teerausbeute . . . . S. 31
6. Analytische Aufarbeitung des Schwelteers . . . . S. 34
   A) Bestimmung der Basen . . . . S. 36
   B) Bestimmung der Phenole . . . . S. 40
   C) Bestimmung der neutralen Kohlenwasserstoffe . . . . S. 42
7. Verwendung und Veredlung des Schwelteers . . . . S. 56

Forschungsberichte des Wirtschafts- und Verkehrsministeriums Nordrhein Westfalen

1. Schwelung

Unter der Schwelung eines Brennstoffes versteht man seine thermische Zersetzung unter Luftabschluß bei Temperaturen von 300-600°C. Man bezeichnet diese thermische Umwandlung auch zur Abgrenzung von der üblichen Verkokung als Tieftemperaturverkokung. Wie bei dieser fallen bei der Schwelung ebenfalls Koks, Teer, wässrige Kondensate und Gase an, die nun die entsprechenden Namen erhalten.

Die Schwelprodukte unterscheiden sich in ihren Mengen und ihren Eigenschaften von den Produkten der Verkokung, d.h. der Hochtemperaturverkokung, die bei Temperaturen von 1000-1100°C stattfindet. Der Schwelkoks wird auch als Halbkoks bezeichnet. Dieser Name bezeichnet die Tatsache, daß etwas mehr als die Hälfte der Flüchtigen Bestandteile der Ausgangskohlen abgespalten wird. Der Halbkoks enthält nämlich noch rund 10 % Flüchtige Bestandteile, während der Kokereikoks nur 2-3 % Flüchtige Bestandteile enthält. Die Teerausbeute der Verschwelung ist mit 8-11 % größer als bei der normalen Verkokung, bei der nur 3-4 % gewonnen werden.

Tabelle 1
Ausbeuten bei einer Kohle mit 32 % Flüchtigen Bestandteilen

	Schwelung	Hochtemperaturverkokung
Koks %	80	72
Teer %	10	4
Benzol	-	1,3
Benzin	1	-
Ammoniak	Spuren	0,3
Gas m^3/t	120	330
Leichtöl/180° %	5	2
Mittelöl/230° %	18	10
Schweröl/270° %	14	11
Anthracenöl/350° %	28	20
Pech %	35	57

Forschungsberichte des Wirtschafts- und Verkehrsministeriums Nordrhein Westfalen

Die Schwelgasmenge ist jedoch mit ihren rund 100 m^3/t Kohle klein. Bei der thermischen Zersetzung von 1100°C werden je t Kohle 330 m^3 Gas erhalten. Doch ist das Schwelgas energiereicher, denn der Heizwert ist mit 8000 kcal/m^3 beinahe doppelt so groß als der des Koksofengases. Das Schwelgas zeichnet sich durch hohen Gehalt an Methan, Äthan und Olefinen aus und ist besonders für eine chemische Weiterverarbeitung gut geeignet. Das Schwelwasser enthält größere Mengen an sauren Ölen, Phenolen, die mit dem Anstieg der Kunststoffindustrie von der Wirtschaft in steigendem Maße verlangt werden. Wie jedoch schon von anderer Seite wiederholt betont wurde, muß bei der Schwelung nicht minder auf die Güte des anfallenden Kokses geachtet werden. Der Schwelkoks macht einen großen Anteil der Erlöse aus. Letzten Endes ist der Koks auch bei der Schwelung mengenmäßig das wichtigste Produkt. Man muß also einen Schwelkoks mit solchen Eigenschaften erhalten, der durch seine guten Eigenschaften einen ständigen Absatz gewährleistet.

Aus der Verschiedenheit der Eigenschaften der anfallenden Produkte ergibt sich die Berechtigung beider Verfahren. Während sich die Hochtemperatur-Verkokung aus den Bedürfnissen der Eisenindustrie, des Hochofenbetriebes, entwickelt hat, war das erste Ziel der Verschwelung, aus den Stein- und Braunkohlen möglichst viel flüssige Produkte zu erhalten. Dieses Bestreben wurde mit dem Anstieg der Motorisierung, dem steigenden Verbrauch an Treibölen, Heizölen usw. immer größer. Besonders in erdölarmen Ländern mit ihrem Mangel an Treibstoffen mußte die Schwelung besondere Beachtung finden. Es ist daher zu verstehen, daß gerade diese Länder, wie Deutschland, England usw., sich besonders um die Entwicklung der Schwelung verdient gemacht haben.

Wie schon oben gesagt, kann eine Rentabilität der Steinkohlenschwelung nur durch einen guten Absatz des Schwelkokses erzielt werden, was in der Vergangenheit manchmal vergessen wurde. Die heute arbeitenden Verfahren erzielen einen stückigen Koks. Dieser Koks wird bessere und ständige Absatzmöglichkeiten finden als der frühere, zerreibliche und leicht entzündliche Koks.

Allerdings wird gerade die große Reaktionsfähigkeit von den Verbrauchern, wie Hausbrand, Zentralheizung, Herstellung von Wassergas usw. geschätzt. Der Bedarf an Schwelkoks war und ist zur Zeit keineswegs so groß wie der

Verbrauch des Hüttenkokses. Aber durch die neueren Entwicklungen, wie z.B. des Niederschachtofens, könnte es so weit kommen, daß die Hüttenindustrie ihren Bedarf an stückigem und festem Koks erheblich verringert. Dann müßte das Schwelgas einen großen Teil des Koksgases ersetzen und die Bedeutung der Schwelung könnte so groß werden, daß die Schwelindustrie mit der Verkokung auf eine Stufe zu stehen kommt.

Es sollte daher eine selbstverständliche Pflicht für alle Brennstoff-Fachleute sein, sich um die Schwelung zu kümmern und die eventuell noch vorhandenen Schwächen der augenblicklichen Verfahren auszumerzen, selbst auf Kosten gewisser finanzieller Belastungen.

Besondere Beachtung muß auch der Schwelung von Gemischen aus Öl und nicht verkokungswürdiger Kohle geschenkt werden.

2. Geschichte

Die Schwelung von Steinkohlen läßt sich bereits im 17. Jahrhundert nachweisen. Natürlich handelt es sich bei diesen Versuchen um einzelne und bedeutungslose Maßnahmen, so daß von einer so weit zurückliegenden Geburtsstunde der Schwelindustrie nicht die Rede sein kann. Es ist wohl berechtigt und sinnvoll, den Beginn der Steinkohlenschwelung in den Anfang des 19. Jahrhunderts zu legen, obwohl die erste Leuchtgasfabrikation in eisernen Retorten bei Schweltemperaturen vor sich ging, und in den 6oer Jahren des vorigen Jahrhunderts die Schwelung auch als solche vorgeschlagen und entsprechende Patente erteilt wurden. Die letzteren dienten vor allem einer hohen Ölausbeute und hatten die Entwicklung von Schwelwerken in Südwales zur Folge. Diese Industrie fand jedoch in den 7oer Jahren einen frühen Abschluß, als die Einfuhr von amerikanischem Petroleum nach England einsetzte. Um die Jahrhundertwende herum hoben einige Engländer ein Schwelverfahren aus der Taufe, das sich bis heute bewährt hat, und als Geburtsjahr der englischen Steinkohlenschwelung läßt sich das Jahr 1906 angeben, in welchem die englische Coalite-Gesellschaft gegründet wurde. Allerdings ließe sich für Deutschland wieder ein anderes Geburtsjahr angeben, da hier die Entwicklung vollkommen unabhängig von der englischen stattfand.

Die Coalite-Gesellschaft hatte die Produktion eines leicht entzündlichen und rauchlosen Brennstoffes für die in England fast ausschließlich verwandten offenen Kamine zum Ziel. Die Anregung für die Produktion eines

Forschungsberichte des Wirtschafts- und Verkehrsministeriums Nordrhein Westfalen

solchen Brennstoffes gab die berüchtigte Rauchplage der englischen Großstädte, die auf die vollkommen überholte Bauart der Kamine zurückzuführen war. Hochtemperatur-Koks ist in diesen außerordentlich unpraktischen, aber sehr beliebten Feuerstätten nicht zu verwenden, da seine Zündtemperatur (Schwelkoks-Zündtemperatur 350-400°C, Hüttenkoks-Zündtemperatur 550-750°C) zu hoch liegt. Die Zugwirkung der Kamine ist zu schlecht. Im Schwelkoks der Coalite-Gesellschaft, "Coalite" genannt, waren die für Ruß und Rauch verantwortlichen Bestandteile der Kohle weitgehend entfernt, aber doch so viel leichtflüchtige Bestandteile noch vorhanden, daß eine leichte Entzündbarkeit noch gegeben war. Die Initiatoren der neuen Industrie waren THOMAS PARKER, die Professoren V.B. LEWES und H. ARMSTRONG und der Finanzier SALISBURY-JONES. Die Gesellschaft hatte viele Schwierigkeiten zu überwinden. Auch in technischer Hinsicht wurden viele Umwandlungen vorgenommen, doch ist sie heute zu dem ursprünglichen von PARKER angegebenen Verfahren zurückgekehrt. Die wissenschaftliche Entwicklung wurde besonders von LEWES und ARMSTRONG betrieben, die dann von dem 1917 gegründeten staatlichen Fuel Research Board abgelöst wurden. Obwohl die wissenschaftlichen Untersuchungen in zahlreichen Arbeiten weiterbetrieben wurden, läßt sich eine größere industrielle Entwicklung bis zum zweiten Weltkrieg nicht erkennen. In den Nachkriegsjahren wurden jedoch in Bolsover moderne Betriebe errichtet, die den Schwelteer weitgehend aufarbeiten und einen wirtschaftlich zufriedenstellenden Absatz zu verzeichnen haben. Von dieser Anlage wird noch die Rede sein.

Entwicklung in den USA

Unsere eingangs gemachte Bemerkung, daß sich die Schwelindustrie oft auf solche Brennstoffe beschränken muß, die nicht in die Kokerei gehen können, war auch der Grund für die Anlage der seinerzeit größten Steinkohlen-Schwelanlagen der Welt. In der Nähe von South Chinchfield im Staate Virginia fand man eine schlecht backende Kohle mit etwa 35 % Flüchtigen Bestandteilen, die zur Errichtung einer Großschwelerei mit 600 t Tagesdurchsatz veranlaßte. Das angewandte Verfahren wurde "Carbocoal-Verfahren" genannt und war auf einer Versuchsanlage im Staate New Jersey ausprobiert worden. Das Bemerkenswerte des Verfahrens war, daß man den anfallenden Schwelkoks zu Preßlingen verarbeitete, die man hernach der Verkokung unterwarf. Der Bau der Großanlage wurde staatlicherseits unterstützt, 1916 begonnen und 1920 so vollendet, daß der angestrebte Tagesdurchsatz erreicht wurde. Es stellten sich jedoch in kürzester Zeit zahlreiche Fehler der Anlage heraus und bereits 1922 wurden die Anlagen stillgelegt. Heute sind diese Anlagen abgerissen. Trotz dieses Fehlschlages wurde die Steinkohlenschwelung in kleineren Anlagen weiter betrieben. 1949 wurde ein neuer Großbetrieb vollendet, dessen Errichtung 3 Mill. Dollar kostete. Dieser Betrieb war in kleiner Form schon seit etwa 15 Jahren in Tätigkeit. Es handelt sich dabei um die "Disco-Schwelanlage" der Pittsburgh Consolidation Coal Co. of Pittsburgh, Pennsylvania. "Disco" ist eine Wortbildung aus "distilled coal", destillierte Kohle. Die kontinuierlich arbeitende Anlage verarbeitet Feinkohle aus einer zentralen Waschanlage und setzt täglich 1050 t getrockneter Feinkohle durch. Der Koks fällt in charakteristischen Stückformen an, der Teer wird an die KOPPERS-Gesellschaft abgegeben. Die Anlage bezweckt bezeichnenderweise die Aufarbeitung eines Abfallproduktes, nämlich der Feinkohle unter 10 mm Größe. Sie wird weiter unten noch näher beschrieben werden.

Entwicklung in Deutschland

In Deutschland beschäftigte man sich zunächst rein wissenschaftlich mit der Steinkohlenschwelung. Die erste erwähnenswerte Arbeit stammt von BÖRNSTEIN aus dem Jahre 1906. Sie beschäftigt sich mit der Zersetzung fester Brennstoffe bei verschiedenen Temperaturen und dürfte wohl als die erste ernsthafte Arbeit über Schwelung der Steinkohle zu bezeichnen sein. Zu dieser Zeit fehlte es an einem Bedarf für die Schwelprodukte gänzlich. Erst als mit dem ersten Weltkrieg und der Blockade ein lebensbedrohender Mineralölmangel einsetzte, wurde die Steinkohlenschwelung technisch interessant. Das im Jahre 1914 gegründete Kaiser-Wilhelm-Institut für Kohlenforschung arbeitete intensiv auf diesem Gebiet. In den letzten Kriegsjahren wurden in kürzester Zeit fünf Schwelanlagen errichtet, vier im Ruhrgebiet und eine in Hamburg. Die Anlagen lehnten sich in keiner Weise an englische Vorbilder an; das Ziel war ja auch nicht, wie in England, der Schwelkoks, sondern der Urteer, der als Marineheizöl verwendet wurde. Man arbeitete mit Drehöfen, weil man mit diesen aus anderen Gebieten der Technik her vertraut war und Eile notwendig war. Der in diesen Betrieben gewonnene Schwelkoks war von sehr minderwertiger Beschaffenheit. Es wurde versucht, den Koks zur Feuerung der Schiffskessel zu benutzen. Der Versuch mißlang aber, da sich der Schwelkoks in mehreren Fällen auf hoher See selbst entzündete und die Schiffe in Brand setzte.

Forschungsberichte des Wirtschafts- und Verkehrsministeriums Nordrhein Westfalen

In der Nachkriegszeit wurden diese unwirtschaftlichen Betriebe[1] abgebrochen. Doch wurden durch diese Versuche trotz der weiterhin anormalen wirtschaftlichen Lage (Inflation) Impulse zu neuen Anlagen erhalten. Die wissenschaftliche Forschung wurde weitgehend verbreitet, besonders bezüglich des Schwelteers. Sie ist mit den Namen von BROCHE, FISCHER, GLUUD, GOLLMER, HOFMANN, JAEGER, KLEIN, KRUBER, SCHRADER, THAU, WEISSGERBER u.a.m. verknüpft. Die technische Entwicklung kam jedoch nach der Inflation nicht wesentlich über einige Versuchsanlagen hinaus. Im Ruhrgebiet wurde die backende feinkörnige Kohle von Kokereien und Gasindustrie voll aufgenommen und die Schwelung mußte sich auf geeignete Kohle geringerer Backfähigkeit beschränken. Da derartige Kohlen nur in Oberschlesien und im Saargebiet anfallen, sahen vornehmlich diese Gebiete die Errichtung größerer industrieller Anlagen. Im Ruhrgebiet bestanden vornehmlich Versuchsanlagen; ein größerer Betrieb befand sich auf einer Krupp-Zeche bei Essen. Verschiedentlich wurde der Versuch gemacht, die Schwelereien mit Gaswerken zu kuppeln, so z.B. in Berlin, Hamburg und Nürnberg. Diese Versuche wurden jedoch wieder fallen gelassen und die entsprechenden Anlagen sind heute abgerissen.

Das wissenschaftliche und technische Interesse erhielt jedoch in den Jahren 1938/39 durch die wiederum drohende Kriegsgefahr neuen Auftrieb (Marineheizöl aus Schwelteer), wovon zahlreiche Veröffentlichungen zeugen. Es kam auch zur Gründung verschiedener Institutionen, so der Gesellschaft zum Studium der Steinkohlenschwelung, mit Versuchsanlagen auf der Zeche Kaiserstuhl. Nach Beendigung des zweiten Weltkrieges waren sämtliche Anlagen des Ruhrgebietes zerstört oder stillgelegt. Lediglich eine Anlage im Saargebiet ist in Betrieb, von der weiter unten noch die Rede sein wird. Die im letzten Krieg in Oberschlesien erstellten Anlagen sollen sämtlich zerstört bzw. demontiert sein. Die genauen Verhältnisse sind nicht bekannt. In Kürze dürfte mit der Inbetriebnahme einer Anlage im Ruhrgebiet zu rechnen sein.

Eine Schwelung wird nur dann wirtschaftlich sein, wenn der Schwelkoks zum gleichen Wärmepreis wie die eingesetzte Kohle verkäuflich ist bzw.

---

[1] Eine Doppeldrehtrommel der Kohlescheidungsgesellschaft war von 1924 bis 1929 auf einer Stinnes-Zeche in Betrieb.

der Teer einen Preis erzielt, der die Differenz der obigen Preise deckt. Da beides bisher nicht möglich war, ist man bestrebt, eine billige Einsatzkohle, nämlich Kohlenschlamm, zum Einsatz zu bringen. In der vorliegenden Arbeit wurde versucht, durch die analytische Aufarbeitung des Schwelteers neue Möglichkeiten der Veredelung zu finden und dadurch den Wert des Teeres zu steigern.

Entwicklung in anderen Ländern

Die Geschichte der Steinkohlenschwelung ist - wie eben diese selbst - kaum erwähnenswert, sofern sie sich auf andere Länder als die besprochenen bezieht. In Frankreich hat sich die Mitteltemperaturverkokung gut eingeführt; Carbolux-Verfahren unter Verwendung von Koppers-Kreisstromöfen. Die vorhandenen (Spülgas-) Schwelanlagen sind von geringer Bedeutung. In Belgien wurde das HOLCOBAMI-Verfahren mit dem Schwelofen von ZUYDERHOUDT angewendet.

3. Abriß der gebräuchlichen Verfahren

Da die den Gegenstand der vorliegenden Schrift bildenden Schwelteere in ihren Eigenschaften unter anderem sehr abhängig von der Anlage sind, in der sie erzeugt wurden, sollen die meist benutzten Verfahren kurz erwähnt werden.

Die Schwelverfahren versuchen alle, so verschieden sie auch voneinander sind, eine wirtschaftlich tragbare Ofenleistung mit der Erzeugung eines abriebfesten Kokses und eines möglichst gleichbleibenden Teeres bei geringem Pechanfall zu verbinden. Da dieses Ziel bei allen modernen Verfahren erreicht sein soll, wird das Schwelgut selbst die Bevorzugung des einen oder des anderen Verfahrens wesentlich beeinflussen. Die Schwelverfahren lassen sich in die folgenden Gruppen einordnen:

1. Heizflächenschwelung
   a) Öfen aus keramischem Material
   b) Öfen aus Eisen

2. Spülgasschwelung

3. Drehofenschwelung

Die Heizflächenschwelung arbeitet ähnlich der Kokerei in von außen beheizten Öfen, die entweder aus keramischem Material oder aus Eisen gebaut

Forschungsberichte des Wirtschafts- und Verkehrsministeriums Nordrhein Westfalen

sind. Öfen aus keramischem Material wurden von den Firmen KOPPERS, OTTO und DIDIER hergestellt. Sie lehnen sich eng an die in der Gasindustrie seit langem bewährten stetig betriebenen Vertikalkammeröfen an. Ein von der Didier-Werke A.-G. in den Großbetrieb eingeführter Ofen hatte 9,65 m hohe und 4,0 m lange Kammern mit einer lichten Weite von 265-355 mm. Eine aus 24 Kammern bestehende Ofengruppe hatte einen Jahresdurchsatz von 300 000 t oberschlesischer Kohle. Bei den keramischen Öfen muß man die obere Schwelgrenze von 600°C im allgemeinen überschreiten, um eine ausreichende Ofenleistung und die erforderliche Verkokungsgeschwindigkeit zu erreichen. Der erwähnte Didier-Ofen hatte eine Einrichtung, die kaltes, entteertes Schwelgas unten in die Kammer einführte, um die Verweilzeit der im Ofen entbundenen Gase und Dämpfe beeinflussen zu können. Eine gleichbleibende Beschaffenheit des Teeres aus keramischen Öfen ist nicht leicht zu erzielen. Die zu Anfang des 2. Weltkrieges in Deutschland forcierte Einrichtung einer Steinkohlenschwelindustrie führte zum Bau keramischer Öfen.

Eiserne Kammerschwelöfen wurden zuerst in Amerika gebaut. In Deutschland setzten sich zwei Bauarten durch. Die eine lehnte sich an das amerikanische Vorbild an und erhielt nach der "Brennstoff-Technik G.m.b.H." in Essen den Namen BT-Ofen. Dieser Ofen ist mit planparallelen, abspreizbaren Wänden versehen. Seine Höhe beträgt etwa 3,50 m, seine Länge 2,0 m, die lichte Weite wird je nach Kohlenart zu 60 bis 120 mm genommen. Der Durchsatz einer aus 9 Kammern bestehenden Ofeneinheit dürfte sich auf 10-40 t Kohle täglich belaufen. Eine gleichmäßige Verteilung der Wärme ist dadurch gewährleistet, daß durch die von den Wänden gebildeten Kästen heiße Verbrennungsgase umgewälzt werden.

Die Hauptschwierigkeit im Betrieb eiserner Schwelöfen, die reibungslose Entleerung der Kammern, wird bei dem zweiten in Deutschland entwickelten eisernen Ofen, dem Krupp-Lurgi-Schwelofen durch sich nach unten erweiternde Kammern gelöst. In diesen feststehenden Kammern wird feinkörnige Steinkohle im Ruhezustand durch äußere Beheizung bei Temperaturen von 500-600°C geschwelt. Die Ausmaße der Kammern sind: 1,8 m Höhe, 2-3 m Länge, 85 mm lichte Weite. Zur Entladung der Kammern ist eine Ausdrückmaschine mit senkrecht beweglichem Stempel über jeder Ofengruppe fahrbar angebracht. Das Ziel einer hohen Schwelteerausbeute ist beim Krupp-Lurgi-Verfahren durch die gute Beherrschung der zur Anwendung gelangenden

Heiztemperatur weitgehend erreichbar. Der in diesen Anlagen (z.B. auf der Zeche Amalie bei Essen und im Saargebiet) hergestellte Schwelteer zeichnet sich durch besonderen Ölreichtum und Armut an Asphaltstoffen aus. Eine ausführliche Beschreibung der beiden Heizflächenöfen-Typen findet sich bei THAU, Gas- und Wasserfach 79, 885, 912 (1936), der auch weitere Typen behandelt.

Die Spülgasschwelung arbeitet, wie der Name sagt, mit außerhalb des Ofens aufgeheizten, sauerstofffreien Umwälzgasen. Die Übertragung der Wärme erfolgt also nicht durch eine keramische oder eiserne Heizwand, sondern durch Spülgase, die die Wärme zuführen und die Schwelgase und Teerdämpfe abführen. Als Schwelgut läßt sich nur stückiges, schwach backendes Material verwenden. Der in einem Schacht absinkenden Beschickung werden die Schwelgase entgegengeführt. Es sind zwei Verfahren erwähnenswert, einmal der ursprünglich für die Schwelung von Braunkohlen entwickelte und dann abgeänderte Lurgi-Spülgas-Schwelofen und zum anderen das Verfahren der KOLLERGAS-Gesellschaft, deren Ofeneinrichtung an einen Generator erinnert. Eine Spülgasschwelung mit Wasserdampf wurde in Amerika unter dem Namen Coalene-Verfahren versuchsweise betrieben. Während eine Heißdampfschwelung eine sehr schonende und die nachträgliche Zersetzung von Kohlenwasserstoffen verhindernde Arbeitsweise darstellt, ist die Spülgasschwelung zur Herstellung eines gleichbleibenden und hochwertigen Teeres im allgemeinen wohl wenig geeignet; die Temperaturen nehmen in einem Spülgasofen von oben nach unten zu und sind schlecht regulierbar. Außerdem wird der Teer durch die Bewegung der Materialien verstaubt.

Die Drehofenschwelung wurde in Deutschland als erstes technisches Verfahren zur Steinkohlenschwelung aufgenommen. Die Erfolge waren nicht sehr ermutigend, da es nicht möglich war, einen haltbaren, stückfesten Koks zu erzielen. Weiterhin war die Wärmeübertragung der von außen beheizten Zylinder sehr schlecht und der anfallende Teer war durch den entstehenden Abrieb stark verunreinigt. Der Vorteil des Verfahrens war ein glatter, reibungsloser Ofenbetrieb. Jedoch hat man anscheinend durch Abänderung der Wärmeübertragung und andere Verbesserungen späterhin befriedigendere Resultate erzielt, wie z.B. von einem Bündelrohrdrehofen im Saargebiet berichtet wird. Die Wärmeübertragung wurde vielfach durch Spülgase vorgenommen und zahlreiche Typen wurden entwickelt. Die derzeit größte Schwelanlage der Welt, die "Disco"-Schwelerei in Pittsburgh, verwendet Drehöfen und erzeugt einen stückigen Koks, wie weiter unten noch näher ausgeführt wird. Als modernstes Schwelverfahren dürfte das von E.I. DU PONT DE NEMOURS ET CO. patentierte Verfahren gelten, bei dem das Schwelgut von einem Gasstrom aus Brenngas, Wasserdampf, inerten Gasen getragen und im Reaktionsraum in Schwebe gehalten wird. Der verkohlte Brennstoff und ein Teil des Gases werden ununterbrochen abgezogen, das restliche Gas wird heiß den Zuleitungsrohren wieder zugeführt.

Über die mannigfachen Verfahren zur Steinkohlenschwelung konnte hier nur das Wichtigste und auch das nur in groben Umrissen gesagt werden. Im Laufe der Jahre sind wohl einige Hundert Schwelverfahren für Steinkohle entwickelt worden, oft in Verbindung mit anderen Prozessen, z.B. der Gaserzeugung oder der Kupplung mit Kraftwerken (Schwelung durch Elektrowärme). Im Hinblick auf den Gegenstand dieser Untersuchung, den Schwelteer, sind besonders erwähnenswert die gegenwärtig praktizierten Verfahren zur Schwelung von Kohle-Öl-Mischungen. Diese Arbeitsweise hatte die Neukonstruktion verschiedener Öfen zur Folge, z.B. den Drehschwelofen nach P. SALERNI und die KNOWLES-Öfen. Über Kohleschwelung unter Druck berichtet THAU, Erdöl u. Kohle $\underline{2}$, 127 (1949), ausführlich.

Über die nach den verschiedenen Verfahren erzeugten Teere sind mehrere vergleichende Untersuchungen angestellt worden. Entscheidend ist in erster Linie der Pechanfall; der Wert eines Teeres wird aber auch nach der geplanten Verarbeitung beurteilt werden. Der Pechanfall liegt bei Heizflächenteeren niedriger (30 %) als bei den Spülgasteeren (50 %), innerhalb der ersteren Gruppe soll der bei 525-550°C hergestellte Teer aus dem BT-Ofen besonders vorteilhaft sein, wie aus Berichten von CH. HANSEN, A. JÄPPELT und A. STEINMANN [Brennstoff-Chemie $\underline{20}$, 283 (1939); $\underline{31}$, 312 (1950)] hervorgeht.

4. Beschreibung gegenwärtig arbeitender Schwelbetriebe

Die gegenwärtig im Großbetrieb arbeitenden Verfahren sollen etwas näher geschildert werden. Es sind dies das Disco-Verfahren in Amerika und das Coalite-Verfahren in England. In Deutschland arbeitet gegenwärtig nur eine Anlage, und zwar im Saargebiet.

Forschungsberichte des Wirtschafts- und Verkehrsministeriums Nordrhein Westfalen

Das Coalite-Verfahren

Dieses bereits erwähnte Verfahren gehört zu der mit eisernen Öfen arbeitenden Gruppe und dürfte, obwohl es nur in England betrieben wird, als das meist benutzte Verfahren anzusehen sein. Durch den gesicherten Absatz des zu gutem Preise als Hausbrand verkauften Schwelkokses sind die bestehenden Großanlagen wirtschaftlich gesichert. Jedoch liefert auch die neuerdings sehr weitgehende chemische Aufarbeitung des Teers, von der noch die Rede sein wird, einen steigenden Beitrag zur Rentabilität. 1938 waren fünf Anlagen in Betrieb, deren täglicher Durchsatz 2ooo t Kohle betrug. Das Verfahren besteht aus der eigentlichen Retorte des Coalite-Schwelofens mit zwölf konischen Rohren, die in zwei Reihen zu je sechs Stück angebracht sind und oben und unten in ein gemeinsames Mundstück auslaufen. Im unteren Mundstück ist eine die ganze Retorte abdeckende Tür angebracht, die durch die Drehung einer seitlich waagerecht verlagerten Welle bedient wird. Die Retorten sind paarweise angeordnet, und jedes Paar mündet in eine gemeinsame Kokskühlkammer, deren Bodenende verjüngt und mit einer Austragsschleuse versehen ist, die durch einen Wasserverschluß abgedichtet wird. Von hier aus wird der Schwelkoks auf Förderband zur Siebanlage geführt. Die Füllung der Retortenpaare erfolgt gemeinsam aus einem zweigeteilten Hängewagen. Die oberen Verschlüsse der Retorten dichten in einer Wassertauchung ab. Die Schwelgase werden durch je ein gekühltes Rohr abgeführt, welche zu einer gemeinsamen Tauchvorlage führen. Die Beheizung der Retorten erfolgt durch an den Längsseiten eingebaute Verbrennungskammern. Die Retorten sind jedoch durch eine Wand gegen die unmittelbare Einwirkung von Gasflammen oder Verbrennungsgasen geschützt. Diese Maßnahme erhöht die Haltbarkeit der Ofenwände. Die Beheizung erfolgt so nur durch Wärmestrahlung. Die Schutzwände sind aus wärmetechnischen Gründen als Zellengefüge ausgebildet.

Die Garungszeit beträgt 4 Stunden; jede Retorte wird also täglich 6 mal beschickt. Jede Ofengruppe besteht im allgemeinen aus 36 Retorten, angeordnet in zwei Reihen von je 18 Öfen. Jede Ofenreihe ist an eine gemeinsame Vorlage angeschlossen. Das Gas durchströmt einen Luftkühler und gelangt in einen elektrostatischen Teerabscheider mit verbleiten Elektroden unter 9o ooo Volt. Das von Teerbestandteilen befreite Gas wird mit verdünnter Schwefelsäure gewaschen, um das Ammoniak zu binden, und geht weiterhin durch Ölwäscher, um das Leichtöl zu absorbieren. Über einen

Ausgleichsbehälter wird das Gas dann den Brennern der Öfen zugeführt. Eingesetzt wird gewaschene Feinkohle, deren Wassergehalt von 13 auf 5 % heruntergetrocknet wird. Die Ausbeuten des Verfahrens sind, bezogen auf 1 t Kohle:

Schwelkoks	711 kg
Schwelteer	82 kg
Rohleichtöl	14 l
Schwelgas	112 m^3 (6675 kcal/m^3)
Ammoniumsulfat	2 kg
Schwelwasser	91 l

Einen Vergleich des Schwelkokses mit der eingesetzten Kohle geben folgende Zahlen der Tabelle 2:

T a b e l l e 2

	Feinkohle	Schwelkoks
Fester Kohlenstoff	55,01 %	86,28 %
Flüchtige Bestandteile	32,29 %	6,01 %
Asche	3,82 %	5,03 %
Schwefel	1,02 %	0,96 %
Wasser	7,86 %	1,72 %

Der Schwelteer wurde bisher der Druckhydrierung unterworfen und als Benzin von der Luftflotte sowie als Öl von der Marine gekauft. Jedoch wird er in den Anlagen in Bolsover einer modernen, an die Erdölindustrie anlehnenden Aufarbeitung unterworfen. Man unterwirft den Rohteer, ohne die sauren von den neutralen Bestandteilen zu trennen, einer Destillation und unternimmt eine getrennte, weitgehende Aufarbeitung der erhaltenen Fraktionen zu Motorbenzin, Dieselöl, Flotationsöl und verschiedenen Phenolen.

Der Disco-Prozeß

Dieses Verfahren wurde von der Pittsburgh Consolidation Coal Co. of Pittsburgh, Pennsylvania, mit einem Kostenaufwand von 3 Mill. Dollar = 12,6 Mill. DM in Betrieb genommen, um die bei der Aufbereitung und Reinigung von Kohlen anfallende Feinkohle in ein verkäufliches Produkt zu überführen, ein Problem, das mit der modernen Aufbereitung der Kohle wohl allgemein besteht, wie ja überhaupt das Bestreben, die Abfallprodukte des Kohlenbergbaus als Energiequelle auszunutzen, allgemein anerkannt und gefördert wird.

Der Disco-Prozeß ist ein zweistufiges, kontinuierliches Verfahren unter Einsatz von Drehöfen. Die Einsatzkohle (37 % Flüchtige Bestandteile) kommt aus einer zentralen Waschanlage, besteht also aus den ausgewaschenen Feinkohlen verschiedener Gruben. Sie wird zunächst von 13 % auf 3,5 % Feuchtigkeit mit Luft getrocknet. Dann gelangt die Kohle in die erste Stufe des Prozesses, einen 6-etagigen Röster. In diesem wird die Kohle mit Hilfe des Schwelgases aus dem Prozeß indirekt auf 315° erwärmt. Dieser Vorgang dauert 2 Stunden. Die letzte Etage des Rösters dient als Reservoir, in welchem die heiße Kohle in Bewegung gehalten und gemischt wird, und das einen 1-3 Stunden-Vorrat für den nachfolgend angeschlossenen "Carbonizer", den Drehofen, faßt. Die Drehöfen sind 38,4 m lang und haben einen Durchmesser von 2,75 m. Sie drehen sich in feststehenden Mänteln. Die Beheizung erfolgt durch 565° heiße Rauchgase, die durch den von Mantel und Drehzylinder gebildeten Ringraum streichen. Die Temperatur des Schwelgutes geht nicht über 480°C hinaus. Im Innern des Zylinders sind zur Regelung der Verweilzeit Querleisten und Rückförderer angebracht.

Jede Schweleinheit ist für 150 t trockener Kohle/Tag konstruiert. Die Anlage besteht aus 7 Schwelöfen und hat demnach eine Tagesleistung von 1050 t. Diese Kapazität wurde 1949 noch etwas übertroffen.

Der Koks fällt in charakteristischen Ballen an. Die Erzielung dieser Stückformen war das Resultat sehr eingehender Forschungen und ist abhängig von der Einhaltung genauer Bedingungen. Der anfallende Koks wird gesiebt und je nach Größe luftgekühlt, mit Wasser abgelöscht oder dem Prozeß wieder zugeführt. Auf die Rückführung dieser kleinsten Stücke wird die Ausbildung der Stückformen zurückgeführt. Aus 152,8 t Kohle (Tagesdurchsatz eines Ofens) erhält man 114,5 t Disco-Koks, pro 1 t Kohle demnach 0,75 t Koks. Abnehmer beider Sorten sind die Hausbrandverbraucher. Für Zentralheizungen soll Disco-Koks besonders vorteilhaft sein. Die Jahresproduktion beträgt etwa 270 000 t. Weitere Produkte sind Teer, Leichtöl, Wasser und Gas. Das Gas wird restlos zur Beheizung der Öfen und Röster verbraucht, Gasanfall etwa 105 m^3 je 1 t Kohle. Das Leichtöl enthält etwa 10-15 % Aromaten, 25 % Olefine, den Rest als Naphthene und

Paraffine. Es siedet in sehr engen Grenzen. Die Teerausbeute beläuft sich auf 2600 gal. (= 9830 l) aus 152,8 t Kohle. Pro 1 t Kohle wird man demnach 64 l Teer gewinnen. Der Teer wird durch Wassereinspritzung direkt gekühlt, entwässert und an die KOPPERS-Gesellschaft verkauft. Er stellt ein Gemisch aus Urteer und Zersetzungsprodukten anderer Natur dar; die oxydierende Röstung der Kohle in der ersten Phase des Prozesses bewirkt den besonderen Charakter des Schwelteers. Seine chemische und physikalische Eigenart variiert stark mit der verwendeten Kohle. Die Jahresproduktion an Teer beträgt 6650 m^3.

Die Anlage im Saargebiet

Der einzige zur Zeit arbeitende deutsche Betrieb ist eine Krupp-Lurgi-Anlage im Saargebiet, das Schwelwerk Velsen. Über den Krupp-Lurgi-Heizflächenschwelofen ist das Nötige bereits mitgeteilt worden. Man bedient sich jedoch des oben erwähnten Verfahrens, die Kohle zur Erzielung eines stückigen Kokses mit Ölen anzuteigen. Eingesetzt wird eine Velsen-Fettkohle mit 7-8 % Wassergehalt. Die Schweltemperatur wird bei 600°C gehalten. Nach neueren Angaben sollen bei dieser Anlage im Jahre 1953 täglich 430 t Kohle durchgesetzt werden, während im Jahre 1950 der tägliche Durchsatz nur ~ 200 t Kohle betrug. Die größere Leistungsfähigkeit der Schwelanlage wurde durch eine verbesserte Beschickung erreicht. Für diese Verbesserungen mußten fast 5 Mill. DM aufgebracht werden. Der jährliche Anfall an Teer dürfte ~ 8000 t betragen. Durch eine Spülgasdestillation werden die leichter siedenden Anteile des Schwelteers abgetrennt, und der Rest wird nach Lothringen verkauft. Der nicht destillierte Schwelteer diente als Untersuchungsobjekt für unsere Untersuchungen. Die Analyse einer Velsen-Fettkohle, angegeben von JAEGER und KATTWINKEL, mag zum Vergleich mit den später angeführten, aus eigenen Untersuchungen resultierenden Kennzahlen des Rohteers hier angegeben werden.

Kohlenanalyse (backende Velsen-Fettkohle lufttrocken):

Asche 6,5 %; Flüchtige Bestandteile 34,0 %; S 0,8 %; C 77,0 %; H 5,3 %; O 8,4 %. Weiterhin existiert im Saargebiet eine Versuchsanlage bei Marienau. Eine Versuchsanlage ist vom BERGWERKS-VERBAND ZUR VERWERTUNG VON SCHUTZRECHTEN DER KOHLENTECHNIK G.m.b.H. auf der stillgelegten Zeche Langenbrahm errichtet worden. Von derselben Firma wird in Kürze eine größere Versuchsanlage mit einer Produktion an Koks von ~ 70 t/Tag auf der Zeche Königin Elisabeth in Essen-Frillendorf errichtet werden.

Forschungsberichte des Wirtschafts- und Verkehrsministeriums Nordrhein Westfalen

5. Allgemeine Chemie des Steinkohlen-Schwelteers

A) Theorie der Bildung des Schwelteers bei der thermischen Behandlung von Steinkohlen

Die Reaktionen bei der Schwelteerbildung sind noch wenig untersucht worden. Die Zusammenhänge bei der Reaktion können erst besser erkannt werden, wenn die im Teer vorhandenen Stoffe noch genauer untersucht worden sind und sich die neueren Auffassungen über die Struktur von Steinkohlen im wesentlichen bestätigt haben. Nach der allgemein anerkannten Auffassung besteht natürliche Kohle aus einer Vielzahl von Molekülgattungen oder Atomanordnungen. Der thermische Zerfall und die gleichzeitige Bildung vieler und verschiedener Produkte muß als Folge einer Reihe einfacher Reaktionsstufen aufzufassen sein. Nur sehr wenige Stufen dieser Umbildungen können experimentell geklärt werden. So weiß man, daß aliphatische C-C-Bindungen in den Molekülen schon oberhalb $300°C$ und C-O- und C-N-Bindungen oberhalb $400°C$ zersetzt werden können. Die Trennung von C-H-Bindungen beginnt jedoch erst in dem Temperaturgebiet um $600°C$, während die aromatischen Bindungen bei den Temperaturen der Schwelung kaum zerstört werden können.

Bis etwa $550°C$ sind die Hauptprodukte der thermischen Zersetzung Halbkoks, Urteer und ein an Methan und schweren Kohlenwasserstoffen reiches, an Wasserstoff armes Gas. Die reichliche Bildung an Urteer mit aliphatischen, hydroaromatischen und sauerstoffhaltigen Verbindungen ist ein Beweis für den Zerfall ausgedehnter Molekülgattungen in flüchtige Bestandteile und in einen festen Rückstand von vorwiegend aromatischem Charakter. Eine ungefähre Vorstellung über die Reaktionen geben die einzelnen Produkte, wenn sie in ihrer Abhängigkeit von der Temperatur untersucht werden.

So wird das Rohwasser und die hygroskopische Feuchtigkeit der Kohle bis $100°C$ zum größten Teil verdampft sein. Anschließend, bei $200°C$, treten die ersten Zersetzungsprodukte auf. Es spalten sich Wasser und Kohlendioxyd ab. Oberhalb $200°C$ wird ein Teil der in der Kohle enthaltenen niedermolekularen Kohlenwasserstoffe zum größten Teil unzersetzt überdestilliert. Bei $300°C$ beginnt das Bitumen der Kohle zu erweichen und gleichzeitig treten die Zersetzungsprodukte des Bitumens der Kohle wie CO, H_2O und H_2 in Erscheinung und der phenolhaltige Teer destilliert ab. Die Teerbildung ist im wesentlichen bis 500°C beendet. Auch die Koksstruktur dürfte sich bis 500°C ausgebildet haben. Bis 600°C tritt noch starke Gasbildung auf. Der Erweichungsbeginn ist natürlich vom Gehalt an Flüchtigen Bestandteilen abhängig[1]. Je weiter die Inkohlung der Kohle vorgeschritten ist, desto geringer sind die Flüchtigen Bestandteile, desto höher liegt die Schmelztemperatur der Kohle. Über die chemischen Reaktionen bei der Schwelteerbildung haben sich einige Forscher folgende Vorstellungen gemacht: Zum besseren Verständnis dieser Gedanken sei jedoch die Definition der verschiedensten Kohlenwasserstoff-Klassen vorausgegeben.

1. Gesättigte Kohlenwasserstoffe
   a) Paraffine: Alle Kohlenwasserstoffe mit der Struktur einer geraden oder verzweigten Kette, deren C-Atome alle nur durch Einfachbindungen verbunden sind.
   b) Naphthene: Gesättigte Kohlenwasserstoffe mit geschlossener Anordnung, Ein- oder Mehrring-Struktur.

2. Ungesättigte Kohlenwasserstoffe
   a) Olefine, Diolefine, Polyolefine: Offene Kette mit ein, zwei bzw. mehreren Doppelbindungen.
   b) Zykloolefine: Ungesättigte Kohlenwasserstoffe mit Ringstruktur und einer oder mehreren Doppelbindungen, aber weniger als die Hälfte der C-Atom-Zahl beträgt.
   c) Hydroaromatica: Ungesättigte Kohlenwasserstoffe, die durch Verkleinerung der Zahl der Doppelbindungen von den korrespondierenden Aromaten ableitbar sind.

3. Aromaten
   a) Kohlenwasserstoffe mit einem Benzolring oder mehreren Benzolringen ohne gemeinsame Kohlenstoffatome.
   b) Kohlenwasserstoffe mit kondensierten Kernen.

---

[1] Unter Flüchtigen Bestandteilen versteht man keineswegs Stoffe, die in der Kohle vorhanden sind. Vielmehr ist die Bestimmung der Flüchtigen Bestandteile nur ein Maß für die bei der Erhitzung der Kohle auf 900° abspaltbaren Substanzen.

Das Bitumen der Kohlen besteht aus Mischungen gesättigter und ungesättigter Kohlenwasserstoffe, hochmolekularer Paraffine, vielkerniger aromatischer Kohlenwasserstoffverbindungen und harziger Substanzen. Die gesättigten Naphthene, die aromatischen Kohlenwasserstoffe und die Paraffine gehen teilweise unzersetzt in den Schwelteer. Die ungesättigten Verbindungen werden zum Teil umgebildet. Ein Teil der Paraffine spaltet sich unter Bildung gasförmiger und leichtsiedender Kohlenwasserstoffe auf. Die Harze werden z. Teil zu Phenolen, Aromaten und Naphthenen gespalten. Zyclische Polycarbonsäuren spalten alle Carboxyle ab und ergeben eine Mischung zyklischer Kohlenwasserstoffe oder sie werden polymerisiert. Das Bitumen der Kohle gibt bei der thermischen Zersetzung eine Mischung komplizierter mehrkerniger Phenole.

B) Charakteristik des Schwelteers

Nach SCHÜTZ unterscheidet sich der Schwelteer sehr stark vom Hochtemperatur-Teer. Diese unterschiedliche Zusammensetzung kommt deutlich heraus, wenn man nur die zwischen 200-300°C siedenden Anteile betrachtet. Während diese Verbindungen im Koksteer fast ausschließlich aromatischen Charakter besitzen, besteht der Schwelteer zu 40-50 % aus Phenolen und größeren Anteilen von Aromaten. Daneben finden sich in einer Menge von nur 5 % gesättigte Kohlenwasserstoffe der Paraffin- und Naphthenreihen sowie verschiedene Klassen von ungesättigten Kohlenwasserstoffen und 0,5-1,0 % Basen. Organische Stickstoff-, Schwefel- und Sauerstoffverbindungen der verschiedensten Natur, wie Nitrile, Sulfide, Disulfide, Merkaptane, Aldehyde und Ketone, vervollständigen das schon an sich verworrene Gemisch von Körperklassen aller Art.

Aus der anschließend folgenden Tabelle ist zu erkennen, daß wenigstens 23 Körperklassen mit Sicherheit festgestellt worden sind. Bei einer derartigen Reichhaltigkeit der Erzeugnisse kann man von vornherein annehmen, daß die verhältnismäßigen Mengen der einzelnen Bestandteile recht klein sind. So wurden in eigenen Untersuchungen als Höchstgehalt einer Verbindung bisher 2 % festgestellt, und zwar war dieses eine Paraffinfraktion.

Forschungsberichte des Wirtschafts- und Verkehrsministeriums Nordrhein Westfalen

Tabelle 3
Zusammenstellung der im Steinkohlenschwelteer bisher nachgewiesenen Verbindungen

Verbindung mit ihrem Siedepunkt (Kp)	Kp (760 Torr) °C
Wasserstoff	− 252,5
Stickstoff	− 194
Kohlenmonoxyd	− 190
Methan	− 161,7
Äthylen	− 103,7
Äthan	− 88,6
Chlorwasserstoff	− 83,7
Acetylen	− 82
Kohlendioxyd	− 80
Schwefelwasserstoff	− 61,8
Propylen	− 47,6
Propan	− 42,2
Ammoniak	− 34
Allylen	− 23,5
Dicyan	− 20,5
Buten-1	− 6,1
1,3-Butadien	− 4,5
n-Butan	− 0,5
Buten-2	+ 1,0
Methylmerkaptan	6
Acetaldehyd	20,2
Blausäure	26,0
Methylbutan	27,9
n-Pentan	36,1
Penten-2	36,3
Dimethylsulfid	37,5
Penten-1	40
Cyclopentadien	41
Schwefelkohlenstoff	47
Diäthylamin	55,5
Aceton	56
2-Methylpentan	62

Forschungsberichte des Wirtschafts- und Verkehrsministeriums Nordrhein Westfalen

	Kp (760 Torr) °C
2-Methyl-2,3-penten	62,5-64
Methylalkohol	63
3-Methylpentan	63,3
Hexen-2	64
n-Hexan	68,8
Hexen	69
Heptan	77-79
Methyläthylketon	80
Benzol	80,09
Acetonnitril	81,6
Triäthylamin	89,5
n-Heptan	98,4
Äthylpropionat	99,1
Wasser	100
Ameisensäure	100,7
Methylcyclohexan	101,2
Methyl-n-Propylketon	102,03
Toluol	110,8
Pyridin	115
Essigsäure	119
Octan	119-120
1,4-Dimethylcyclohexan	119-125
1,3-Dimethylcyclohexan	120-125
Octen	122-125
Paraldehyd	124
n-Octan	125,6
α-Picolin	129
Azulen	130 (12 mm)
Dihydroxylol	135
Hexahydromesithylen	135-137
m-Xylol	139,3
p-Xylol	139,4
1,2,4-Trimethylcyclohexan	141,2
Propionsäure	141,35
o-Xylol	144
ß-Picolin	144

	Kp (760 Torr) °C
2,6-Dimethylpyridin	144,4
γ-Picolin	144,6
Nonylen	150
n-Nonan	150,7
Cumol	153
2,4-Dimethylpyridin	157
Decan	158-161
2,5-Dimethylpyridin	159,5
3,4-Dimethylpyridin	163,5-164,5
1-Oxy-2,4,5-Trimethylbenzol	164
1-Oxy-2,3,5-Trimethylbenzol	164
n-Buttersäure	164,5
Mesithylen	164,6
Dihydromesithylen	166-168
2,4,5-Trimethylpyridin	167
2,3,4-Trimethylpyridin	168
Pseudocumol	169,18
3,5-Dimethylpyridin	169,5
2,4,6-Dimethylpyridin	171
Decen	172
Hexahydroduren	172-174
2,3,6-Trimethylpyridin	173-174
Cumaron	173-175
n-Decan	174
Hexahydro-p-Kresol	174
1-Oxy-2,3,5,6-Tetramethylbenzol	175
1,2,3-Trimethylbenzol	176,1
Hydrinden	178
Dihydroprehniten	180-182
Phenol	181
Inden	182
Tetramethylthiophen	183
Anilin	184
n-Valeriansäure	186,35
2,3,5-Trimethylpyridin	186,75
3,4-Dimethyläthylbenzol	189

	Kp (760 Torr) °C
1,2,3-Äthylxylol	189
Pentamethylcyclohexan	189-191
Oxalsäure	189,5
1,3-Dimethyl-5-Äthylbenzol	190
o-Kresol	191
Decalin	191-195
Undecen	192
1,2,4,5-Tetramethylbenzol	192
Methylheptylketon	195
Tolylmerkaptan	195
n-Undecan	195,8
Duren	196
1,2-Dimethyl-4-Isopropylbenzol	199
p-Toluidin	200,4
o-Toluidin	200,7
p-Kresol	201
m-Kresol	202
4-Methyl-hydrinden	203
1-Methyldecalin	203-206
m-Toluidin	203,3
Prehniten	204,5
4-Methylinden	205
o-Äthylphenol	206
2,4-Xylenol	209
2,6-Xylenol	211,2
2,5-Xylenol	211,5
Dodecen	213
m-Äthylphenol	214
n-Dodecan	216,3
1,6-Dimethyldecalin	217-223,5
p-Äthylphenol	218
Naphthalin	218
2,3-Xylenol	218
3,5-Xylenol	219,8
Mesitol	219,5
p-Methyl-tolyl-keton	222

Forschungsberichte des Wirtschafts- und Verkehrsministeriums Nordrhein Westfalen

	Kp (760 Torr)°C
3,4-Xylenol	225
1-Oxy-2-methyl-5-äthylbenzol	225
Dimethylinden	225-230
4,6-Dimethylhydrinden	226-230
Perhydrofluoren	230
Pseudocumenol	232
3-Äthyl-5-methylphenol	232,5-234,5
2,3,4,5-Tetramethylpyridin	233
Methylnonylcarbinol	234-236
Perhydrodiphenyl	234-236
Perhydroacenaphthen	235-236
Chinolin	238
Isohomokatechol	239 (Z)
Hexahydrofluoren	240-250
2-Methylnaphthalin	242,14
Isochinolin	243,25
1-Methylnaphthalin	244,78
Catechol	245
2-Methylchinolin	247,6
Tetrahydrochinolin	248
Guajacol	250
Homocatechol	251
2-Äthylnaphthalin	252
1-Äthylnaphthalin	252
Dimethylcatechol	253
Diphenyl	255,2
o-Methylbenzoesäure	259,2
2,6-Dimethylnaphthalin	260,5
1,6-Dimethylnaphthalin	262,5
Resorcin	276,5
α-Naphthol	280
Acenaphthen	280,7
Hydrochinon	285
2,3,6-Trimethylnaphthalin	286
ß-Naphthol	286
Oktadecan	308

Forschungsberichte des Wirtschafts- und Verkehrsministeriums Nordrhein Westfalen

	Kp (760 Torr) °C
Heneicosan	310
Melen	320
Tricosan	320,7
Tetracosan	324,1
Pentacosan	325
Docosan	327
Nonadecan	328
Hexacosan	330
Heptacosan	330
Oktacosan	330
Anthrazen	342,3
2-Methylanthracen	360
2,7-Dimethylanthracen	360
2,6-Dimethylanthracen	360
2,3,6-Trimethylanthracen	360
2,3,6,7-Tetramethylanthracen	360
2,6-Dimethylnaphthacen	360
Nonacosan	360
1,2,3,4-Tetrahydrofluoranthen	363-365
Truxen	subl.
2-Methyl-3-äthyl-1,4,5,6-Tetrahydrochinolin	
Dihydro-m-Xylen	
1,2-Dimethyl-4-äthylbenzol	

C) Schwierigkeiten der analytischen Aufarbeitung

Durch das Vorhandensein der großen Zahl der Verbindungen im Schwelteer sind die großen Schwierigkeiten der analytischen Aufarbeitung des Teers begründet. Es wird jedem einleuchten, daß der Arbeitsaufwand für die einwandfreie Angabe einer einzelnen Eigenschaft, und sei es nur der Siedepunkt, sehr groß sein muß. Man bedenke, daß bei einer Kolonne von einem Liter Inhalt und einer Höhe von 1,5 m bei guter Trennung je Stunde 10-20 cm^3 = 0,1 % der neutralen Kohlenwasserstoffe bis 280°C siedend anfallen. Dabei sind diese Fraktionen von 800 cm^3, die in die Kolonne eingesetzt werden können, schon vorher mehrfach vorgeschnitten worden und müssen anschließend noch chemisch auf den Gehalt an Aromaten, Olefinen usw. untersucht werden. Es sei hier als Beispiel die sehr langwierige und zeitraubende Untersuchung der Paraffine eines Schwelteers, die nur einen kleinen Teil der neutralen Kohlenwasserstoffe darstellen, vom Max-Planck-Institut für Kohleforschung in Mülheim (Dr. KOCH) angegeben. Beispiel: <u>Abtrennung der Paraffine aus dem hydrierten Neutralöl.</u>

a) Vorreinigung zur Hydrierung

2 280 g Rohteer wurden mit 25 g Na versetzt und unter vermindertem Druck destilliert. Zwischen $45°$ und einem Vakuum von 100 Torr und $200°$ und einem Vakuum von 4 Torr gingen 2060 g Destillat über. Der Rest bildete einen teerigen Rückstand.

Das Rohdestillat war ein gelbbraunes, noch schwefelhaltiges Öl mit einer Jodzahl nach WIJS von 44. Diese Methode gibt den Gehalt an ungesättigten Stoffen an und zeigt, daß die Olefine nicht völlig hydriert worden sind. Durch eine Schwefelsäure-Phosphorpentoxyd-Mischung konnten etwa 50 % des Öls gelöst werden.

b) Entschweflung und Vorhydrierung

In einen Drehautoklaven wurden 2 l Rohdestillat mit 58 g Na zusammen gegeben. Außerdem wurden zur besseren Verteilung des Na 15 Stahlkugeln zugefügt. Bei Temperaturen zwischen 220 und $240°$ und einem Wasserstoffdruck von 220-270 at wurden innerhalb von 36 Stunden die Olefine hydriert. Neben einem festen, mit NaH durchsetzten Rückstand lag ein gelbliches, schwefelfreies Öl vor, das jedoch immer noch eine Jodzahl von 26 aufwies.

c) Hydrierung

Das schwefelfreie vorhydrierte Öl wurde mit 100 m^3 frisch reduziertem Kobalt-Kontakt versetzt und unter Anwendung von H_2-Drucken bis zu 240 at innerhalb von 4 Tagen bei Temperaturen zwischen 170 und $200°$ nachhydriert. Das Produkt war noch nicht olefinfrei (J.Z. = 6,4) und zeigte ebenfalls noch einen Aromatengehalt (Schwefelsäure-Formaldehyd-Probe).

Erst eine Wiederholung der Hydrierung mit frischem Kontakt (100 cm^3), diesmal jedoch bei einem H_2-Druck bis zu 420 at und Temperaturen zwischen 175 und $195°$ führte zur vollständigen Absättigung des Öles (J.Z. = 0), das jetzt auch wasserhell erhalten wurde.

Die P_2O_5-H_2SO_4-Absorption betrug noch ca. 4 % (restl. Aromaten- bzw. O-Verbindungen).

d) Die selektive Abtrennung der vorzugsweise unverzweigten Aliphaten aus dem Schwelteer

Zu dieser Trennung wurde sowohl das vorgereinigte, schwefelhaltige Rohdestillat als auch das hydrierte Öl herangezogen. Nach der Methode von W. SCHLENK jr. wurden jeweils 100 cm^3 Teeröl mit 2 Litern einer methanolischen Harnstofflösung (enthaltend 400 g Harnstoff bei 35° gelöst) versetzt. Das Gemisch mußte auf 50° erwärmt werden, um eine homogene Lösung herzustellen. Dann erfolgte innerhalb von 24 Stunden langsames Abkühlen bis auf 28°. Die ausgeschiedenen Kristalle wurden abgenutscht, mit 250 cm^3 Pentan gewaschen und dann in Wasser aufgelöst, wobei aus 100 cm^3 Teeröl 13 cm^3 aliphatische Kohlenwasserstoffe anfielen. Mit beiden Teerölen wurden je 3 dieser Ansätze durchgeführt.

Das aus dem Rohdestillat (a) herausgelöste aliphatische Produkt wies nur noch einen Brechungswert von 1,4305 auf gegenüber n_D^{20} [1] = 1,5143 des Ausgangsmaterials. Eine Jodzahlbestimmung (WIJS) ergab nach ½-stündiger Einwirkung den Wert 38,4, nach 1 Stunde 39,3.

Das vollständig hydrierte Teeröl (c) zeigte vor der Behandlung einen Brechungsindex von 1,4530, das aus ihm selektiv abgetrennte Produkt wies nur noch einen n_D^{20}-Wert von 1,4280 auf.

Analytische Destillation der über die Harnstoffaddukte aus dem hydrierten Neutralöl abgetrennten Paraffine

30 cm^3 des Produktes wurden an einer 1 m Drehbandkolonne im Vakuum (75 bzw. 25 Torr) feinfraktioniert. Von den 600 Fraktionen zu 5 cm^3 wurden Brechungsindex und Schmelzpunkt bestimmt. Siede-, Brechungsindex- und Schmelzpunktskurve lassen die Plateaus der n-Paraffine von C_{11}-C_{14} klar erkennen. Die relativ scharfen Übergänge zeigen einen deutlich höheren Brechungsindex als das folgende Normal-Paraffin-Plateau der gleichen C-Zahl. Die Schmelzpunktsdepression in den Übergängen ist jedoch verhältnismäßig geringfügig. Für jeden C-Zahl-Bereich wurde von der Über-

---

[1] n_D^{20} ist eine abkürzende Bezeichnung des Brechungsindex, der bei 20°C mit monochromatischem Licht gemessen wurde.

gangsfraktion mit dem höchsten Brechungsindex der Anilinpunkt bestimmt, der durchaus in der Größenordnung für Paraffine des entsprechenden Siede- bzw. C-Zahl-Bereiches lag. Somit sind wohl kaum Naphthene im Harnstoffaddukt mit abgetrennt worden.

Der physikalische und chemische Charakter des Schwelteers ist von der Natur der Kohle, der Art ihrer Vorbereitung zur Schwelung, der Betriebseinrichtung, der Schweltemperatur sowie der Einwirkungszeit dieser Temperatur abhängig. Alle diese einflußreichen Faktoren können den Charakter und die Zahl der chemischen Komponenten des Teers beeinflussen. Eine allgemeine Charakterisierung "des" Steinkohlenschwelteers kann also nur summarisch sein und muß den Eigenschaften einen gewissen Spielraum geben.

Im Gegensatz zu den gewöhnlichen schwarzen Kokereiteeren sind die Urteere tief dunkelbraun, in dünner Schicht von goldroter, an Portwein erinnernder Farbe. Beim Stehenlassen an der Luft dunkelt der Urteer stark nach, was bei der labilen Natur der einzelnen Stoffe nicht weiter überraschen kann. Der Teer läßt beim Herabfließen an einer Glasplatte oft dünne Paraffinschüppchen zurück, kann aber auch vollständig homogen sein. Da die Paraffinschüppchen bei 40-50° schmelzen, ist der Teer bei diesen Temperaturen auf jeden Fall homogen. Frisch dargestellt riecht der Rohteer nach Schwefelwasserstoff oder Schwefelammonium. Dieser Geruch verliert sich aber bei der Lagerung. Kennzeichnender ist wohl das Fehlen des für Kokereiteere typischen Naphthalingeruches.

Das spezifische Gewicht bewegt sich bei 25°C zwischen 0,95 und 1,06 g/cm³. Die Unterschiede sind abhängig von allen oben aufgeführten Variablen; die Entgasungstemperatur beeinflußt die Dichte so, daß mit ihrer Steigerung auch die Dichte des gewonnenen Teeres steigt. Zu beachten ist auch, daß sich das spezifische Gewicht bei der Lagerung verändert. Die Teere aus den modernen Prozessen zeigen Dichten, die teilweise außerhalb der angeführten Spanne liegen; so hat der Teer aus dem Disco-Prozeß ein spezifisches Gewicht von 1,14, womit er schon im Bereich der Hochtemperaturteere liegt. Auch fehlen den als "Rohteer" bezeichneten Produkten manchmal die leichten Bestandteile, wodurch sich das spezifische Gewicht ebenfalls verschiebt. Diese leicht siedenden Stoffe können jedoch bei der Schwelung durch eine zusätzliche Kühlung (unter 0°C) gewonnen werden. Bemerkenswert ist die optische Aktivität des Urteers, die bei den Kokereiteeren fehlt und zum Vergleich mit Erdöl herausfordert. Der neutrale

Anteil des Urteers zeigt diese Erscheinungen am stärksten. Auf gewisse, ätherunlösliche Bestandteile ist die leichte Emulsionsbildung mit Wasser zurückzuführen.

Aus der Abwesenheit von Naphthalin im Schwelteer glaubten F. FISCHER und W. GLUUD eine Definition des Urteers aufstellen zu können in dem Sinne, daß jeder Teer, der Naphthalin in analytisch nachweisbaren Mengen enthält, kein Urteer sei. Auf dieser Meinung wurde eine Methode zum Nachweis des Naphthalins aufgebaut. Es ist jedoch nicht zulässig, eine Untersuchung auf Echtheit eines Urteers auf die Untersuchung auf Naphthalin-Freiheit zu gründen. Es ist sicher richtig, daß die in üblicher Weise erzeugten Urteere meist frei von Naphthalin sind (und nur Spuren von Benzol und Phenol enthalten), es ist aber für einen Urteer nicht erforderlich, daß dem so ist. Die Naphthalinfreiheit ist weder eine notwendige, noch eine hinreichende Bedingung für die Echtheit eines Schwelteers, sondern nur eine - allerdings sehr charakteristische - Folge der technischen Prozesse. Der Nachweis der Naphthalinfreiheit kann in Übereinstimmung mit FISCHER und GLUUD sowie anderen Autoren als Beweis für das Vorliegen eines bei Schweltemperaturen erzeugten Steinkohlenteers angesehen werden; hingegen ist der Nachweis von Naphthalin im Teer kein Beweis dafür, daß die Schweltemperaturen überschritten wurden.

D) Abhängigkeit der Teerausbeute von den Schwelbedingungen

Die Teerausbeute bei der Steinkohlenschwelung unterliegt größeren Schwankungen als die der Hochtemperaturverkokung. Sie ist von sehr vielen Faktoren abhängig, z.B. von der stofflichen und petrographischen Zusammensetzung der Kohlen, von der Art ihrer Vorbereitung zur Schwelung, von den Betriebseinrichtungen, der Schweltemperatur und der Einwirkungszeit dieser Temperatur. Die Abhängigkeit der Teerausbeute von der verschwelten Kohle zeigt beiliegende Abbildung 1. Die Ausbeute (siehe Abbildung) hängt neben dem Gehalt der Kohle an Flüchtigen Bestandteilen vom Sauerstoffgehalt der Kohle ab. Mit steigendem Sauerstoffgehalt sinkt die Teerausbeute und steigen die Schwelwassermengen sowie der CO- und CO_2-Gehalt im Gas. Abgesehen von verschiedenen Ölzusätzen ist die Vorbereitung der Kohle insofern von Einfluß als die Korngröße und die Art der Beschickung eine Rolle spielen. Daß die Art der Öfen die Pechausbeute (siehe Abb. 2) beeinflußt, leuchtet

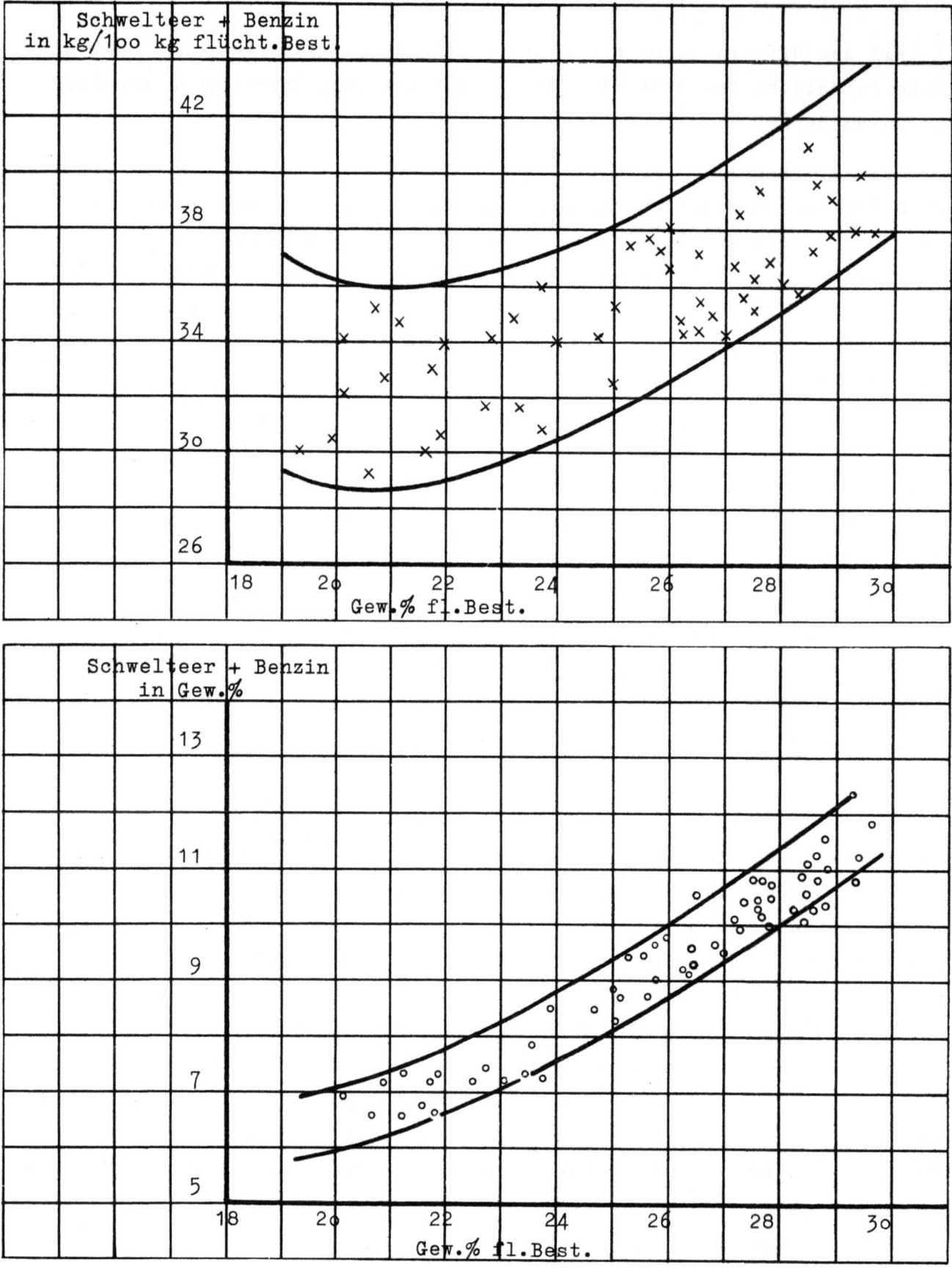

Abbildung 1

Ausbeuten in Abhängigkeit von den Fl. Bestandteilen

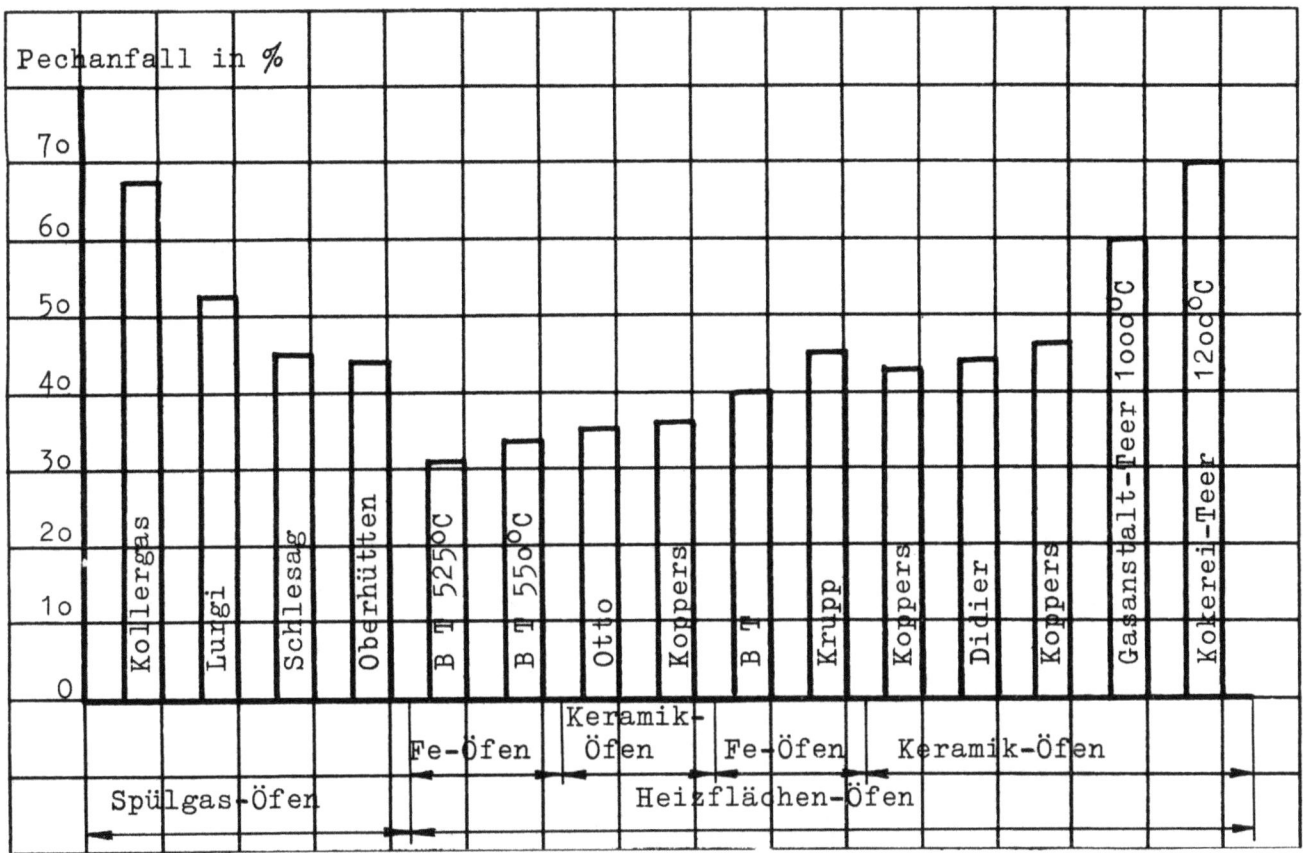

Abbildung 2
Pechanfall in Abhängigkeit von den Verfahren u. Temperaturen

ohne weiteres ein, wenn an die verschiedenen Arten der Kammer- und Spülgasöfen gedacht wird. Dieser Einfluß dürfte, abgesehen vom katalytischen Einfluß der Baumaterialien, mit der Einwirkungszeit der Schweltemperatur identisch sein. Ebenso einleuchtend ist der Einfluß der Temperatur auf die Zusammensetzung des Schwelteers, wie nachfolgende Tabelle 4 erkennen läßt.

Schon die beiden Abbildungen und die Tabelle lassen deutlich erkennen, daß die Untersuchung eines Schwelteers nicht unbedingt eine eindeutige Aufklärung über eventuelle Wirtschaftlichkeit des Schwelteers geben kann. Es müssen die verschiedensten Teere untersucht werden. Vorliegender Bericht kann daher nur einen Anfang zur Aufklärung der Schwelteere liefern.

Tabelle 4
Schweltemperatur

	400°C in %	500°C in %	600°C in %	700°C in %
Saure Öle	17,1	19,3	18,3	15,7
Basen	1,5	1,9	1,7	1,9
Neutrale Kohlenwasserstoffe	56,0	50,8	38,8	36,6
Gesättigte "	17,3	11,9	3,5	1,3
Ungesättigte "	38,7	38,9	35,3	35,2
Pech	25,2	27,2	40,7	45,6
Verlust	0,0	0,3	0,4	0,1

6. Analytische Aufarbeitung des Schwelteers

Zur analytischen Aufarbeitung eines Schwelteers ist eine Trennung des Teeres in saure Öle, Basen, neutrale Kohlenwasserstoffe und Pech unbedingt notwendig. Normalerweise benutzt man hierzu eine Destillation. Beim Rohschwelteer ist eine Destillation, die zwangsmäßig einer thermischen Behandlung bei höheren Temperaturen entspricht, nicht angebracht, da der Pechanfall hierbei viel größer ist als bei einer getrennten Aufarbeitung der verschiedenen Kohlenwasserstoffarten des Schwelteers. So werden bei direkter Destillation eines Heizflächenteers 30-40 % Pech erhalten, während eine getrennte Aufarbeitung nur 15 % Pech erbringt. Der erhöhte Pechanfall wird durch Reaktion der sauren Anteile mit den sehr aktiven Olefinen verursacht.

Zur Abtrennung der sauren Öle, d.h. des Phenols und seiner Homologen, wird im allgemeinen bei den in Anwendung befindlichen Verfahren eine Lösung von Natriumhydroxyd benutzt. Die sauren Bestandteile bilden mit diesem Natriumhydroxyd Salze, die sich in Wasser leicht lösen. Sie lassen sich dann von den restlichen Anteilen des Öles abtrennen. Vorversuche zeigten jedoch, daß sich eine Abtrennung der Phenole mit Natriumhydroxyd aus dem

Forschungsberichte des Wirtschafts- und Verkehrsministeriums Nordrhein Westfalen

Schwelteer schwierig gestaltet. Es bilden sich dabei Emulsionen, die das Abtrennen der wässrigen Schicht mit den Phenolen von den restlichen Ölen erschweren. Behoben werden diese Schwierigkeiten, wenn der Schwelteer mit der doppelten Menge Benzin verdünnt wird. Bei unseren Versuchen benutzten wir Benzin der Chemischen Werke Bergkamen. Das Benzin, das aus einer Reihe von Paraffinen bestand, siedete in den Temperaturbereichen von 104 bis 175°. Ein Teil des Schwelteers siedete ebenfalls in diesen Temperaturgrenzen. Bei einer folgenden Destillation wurden nun die Fraktionen des Benzins mit denen des Teers vermischt und konnten nicht mehr unterschieden werden. Es ist daher notwendig, die leichtsiedenden Anteile, die bis 180° sieden, vorher abzutrennen. Damit bei dieser Vordestillation keine zusätzliche Pechbildung auftreten kann, wurde die Destillation bei Unterdruck, d.h. im Vakuum durchgeführt. Je größer der Unterdruck ist, desto tiefer sieden die Stoffe.

Hierzu benutzten wir eine Füllkörperkolonne, deren Blase 18 Liter umfaßte und deren Säule mit Raschigringen angefüllt war. Nach Abtrennung der leichtsiedenden Anteile vermischten wir den Restteer mit der doppelten Menge Benzin und entfernten auf den Chemischen Werken Holland die sauren Öle durch mehrmaliges Waschen mit 10 %iger Natriumhydroxydlösung. Anschließend wurden die Basen ebenfalls auf den Chemischen Werken Holland durch verdünnte Schwefelsäure ausgewaschen. Die verdünnte Schwefelsäure bildet nämlich mit den Basen in Wasser leicht lösliche Salze und erlaubt eine bequeme Trennung der Basen von den neutralen Kohlenwasserstoffen. Die letzteren wurden in einer Füllkörperkolonne im Vakuum von den hochsiedenden Anteilen, d.h. den über 280° siedenden Stoffen abgetrennt.

Durch die chemische Vorbehandlung erhalten wir also neben dem Pech drei Gruppen von Kohlenwasserstoffverbindungen: 1. die neutralen Kohlenwasserstoffe, das sind solche Stoffe, die nur aus Kohlenstoff und Wasserstoff bestehen; 2. die sauren Öle, jene Kohlenstoffverbindungen, die neben den Elementen Kohlenstoff und Wasserstoff noch Sauerstoff enthalten und 3. die Basen. Letztere sind im wesentlichen stickstoffenthaltende Kohlenwasserstoffe, die basisch reagieren. Die Aufarbeitung der Basen, die den prozentual kleinsten Anteil des Schwelteers ausmachen, wurde von der Gelsenkirchener Bergwerks Aktiengesellschaft (Dr. RITTER) durchgeführt und die erhaltenen Ergebnisse in folgendem Bericht zusammengefaßt:

Forschungsberichte des Wirtschafts- und Verkehrsministeriums Nordrhein Westfalen

A) Bestimmung der Basen im Schwelteer

Ausgangsmaterial: 400 Ltr. eines dunkelrotbraunen klaren Öles, $d_{20}= 0{,}904$

Siedegrenzen:

Beginn	166°
5 %	181
10 %	188
20 %	199
30 %	207
40 %	216
50 %	224
60 %	233
70 %	246
80 %	269
90 %	306
92 %	314

Basengehalt im Sulfurierungskolben 8,35 cm^3 Basen pro 1/Öl.

Versuchsbericht

400 Liter eines Schwelöls wurden in einem verbleiten Rührwerk mit einfachem Rührflügel mit 15 Ltr. 10 % H_2SO_4 1/2 Stunde gerührt und über Nacht absitzen gelassen. Man konnte nur 1540 cm^3 Pyridinschwefelsäure erhalten.

Es wurden zur besseren Scheidung 200 Ltr. Wasser zugegeben und wieder 1/2 Stunde gerührt. Am nächsten und den folgenden Tagen wurden je etwa 12 Ltr. verdünnte Pyridinschwefelsäure abgezogen und eingedampft. Abgesehen von einer Unterbrechung von 3 Wochen durch Zufrieren des Rührwerks durch Frost verlief die Arbeit glatt. Anschließend wurde festgestellt, daß trotz ausreichender Schwefelsäuremenge das Mittelöl noch etwa 4,3 cm^3 Basen pro Liter Inhalt enthält.

Es wurde deshalb nochmals mit 25 Ltr. 10 % Schwefelsäure 1 Stunde gewaschen. Nach 4 Tagen konnten 25 Ltr. Pyridinschwefelsäure einigermaßen klar abgezogen werden. Nach einer anschließenden Wasserwäsche und mehrtätigem Abstehen wurden 324 kg erhalten.

Ölbilanz

Gewaschenes Mittelöl	324 kg in Fässer abgefüllt
Rückstand in den Fässern	9,4 kg konnten nicht ausgepumpt werden
Proben	1,1 kg
Emulsion 15 Ltr. (50 %)	7,5 kg verworfen
	350,0 = 97 %

Aufarbeitung der Pyridinschwefelsäure

1. Die Pyridinschwefelsäure wurde durch Kochen im offenen Gefäß auf 1/3 eingeengt und dann mit festem Ätznatron abgeschieden. Dabei wurde die wässrige Phase an Natriumsulfat gesättigt und etwas feines Sulfat fiel aus. In diesem Zustand bleiben erfahrungsgemäß nur Spuren von Pyridin in der Unterlage. Setzte man diese Basen nach Trocknen mit feinem, festem Ätznatron zur Feinfraktionierung ein, so wurde eine stark verwaschene Siedekurve erhalten und auch das Auftreten empyreumatischer Nebel beobachtet.

2. In einem zweiten Ansatz wurden deshalb die abgeschiedenen rohen Basen wieder in 40 % Schwefelsäure aufgenommen. Dabei schieden sich größere Mengen von Polymerisation ab, die augenscheinlich in den Basen gequollen waren.

3. Deshalb wurden in einem dritten Ansatz die rohen Basen zunächst in einer Eisenblase bei 350° in Dampf abdestilliert. Das hellgelbe Destillat löst sich dann in 40 % Schwefelsäure mit nur geringem Rückstand, der abfiltriert wurde. Auf der Säure zeigten sich deutliche Ölspuren, weshalb nochmals klar gedampft werden mußte. Die hieraus wieder mit festem Ätznatron abgeschiedenen Basen waren aber wieder dunkelbraun, ein Zeichen für die verharzende Wirkung der angewandten Säure.

Anschließend wurden die Basen aus der wässrigen Pyridinschwefelsäure nach der 3. Methode aufgearbeitet.

Aus 9,5 Ltr. Pyridinschwefelsäure wurden 792 g rohe Basen erhalten. Diese geben durch Destillation 284 g bis 250° siedende Basen. Nach nochmaligem Aufnehmen und Trocknen verblieben 200 g trockene Basen.

Forschungsberichte des Wirtschafts- und Verkehrsministeriums Nordrhein Westfalen

Gehaltsbilanz:

9,5 Ltr. Säure ergaben 792 g Basen
40 Ltr. Säure enthalten 3340 g Basen
in 400.0,905 = 362   **0,92 Gew.% rohe Basen**,

eine Zahl, die sich gut mit der Basenbestimmung im Rohöl deckt. 14,5 Ltr. Säure ergaben 308,3 g Basen bis 250° siedend.

0,236 Gew.% Basen bis 250° siedend.

Zur Feindestillation wurden dann 300 cm³ = 291,1 g eingesetzt.

Siedeanalyse:

Von den erhaltenen Basen (unter 250°C siedend) wurde eine Siedeanalyse durchgeführt. Bei dieser, im beiliegenden Kurvenblatt eingezeichneten, wurden 300 cm³ Basen unter 250° siedend eingesetzt. Die Destillation wurde in einer 1,5 m langen 18 mm Kolonne, gefüllt mit 2 mm Braunschweiger Wendeln[1], bei einem Rückflußverhalten von 35 durchgeführt. Die Kolonne hat bei unendlichem Rückfluß 42 Böden. Das beiliegende Kurvenblatt enthält die Siedekurve sowie Angaben über die abgenommenen Proben. Es wurde bei einem Einsatz von 400 jedesmal für 2 cm³ der Brechungsindex bei 20,0°C bestimmt.

Diskussion der Versuchsresultate

Die ausgebrachten Basenmengen stimmen gut mit den im rohen Mittelöl bestimmten überein. Die Feinsiedekurve ist schlecht, trotzdem die Kolonne mechanisch in Ordnung war und vor und nach der Destillation mit anderen Stoffen einwandfrei trennt. Es muß sich also um ein sehr komplexes Basengemisch handeln.

Die aufgezeichnete Kurve, die aus den Basen der ersten Waschung mit unterschüssiger Schwefelsäure entstand, zeigt für Picolin und einige höhere Homologe deutliche Knicke.

Es sind also starke Basen vorhanden. Die Siedekurve wird durch schwache

---

[1] d.s. kleine Drahtspiralen aus V_2A

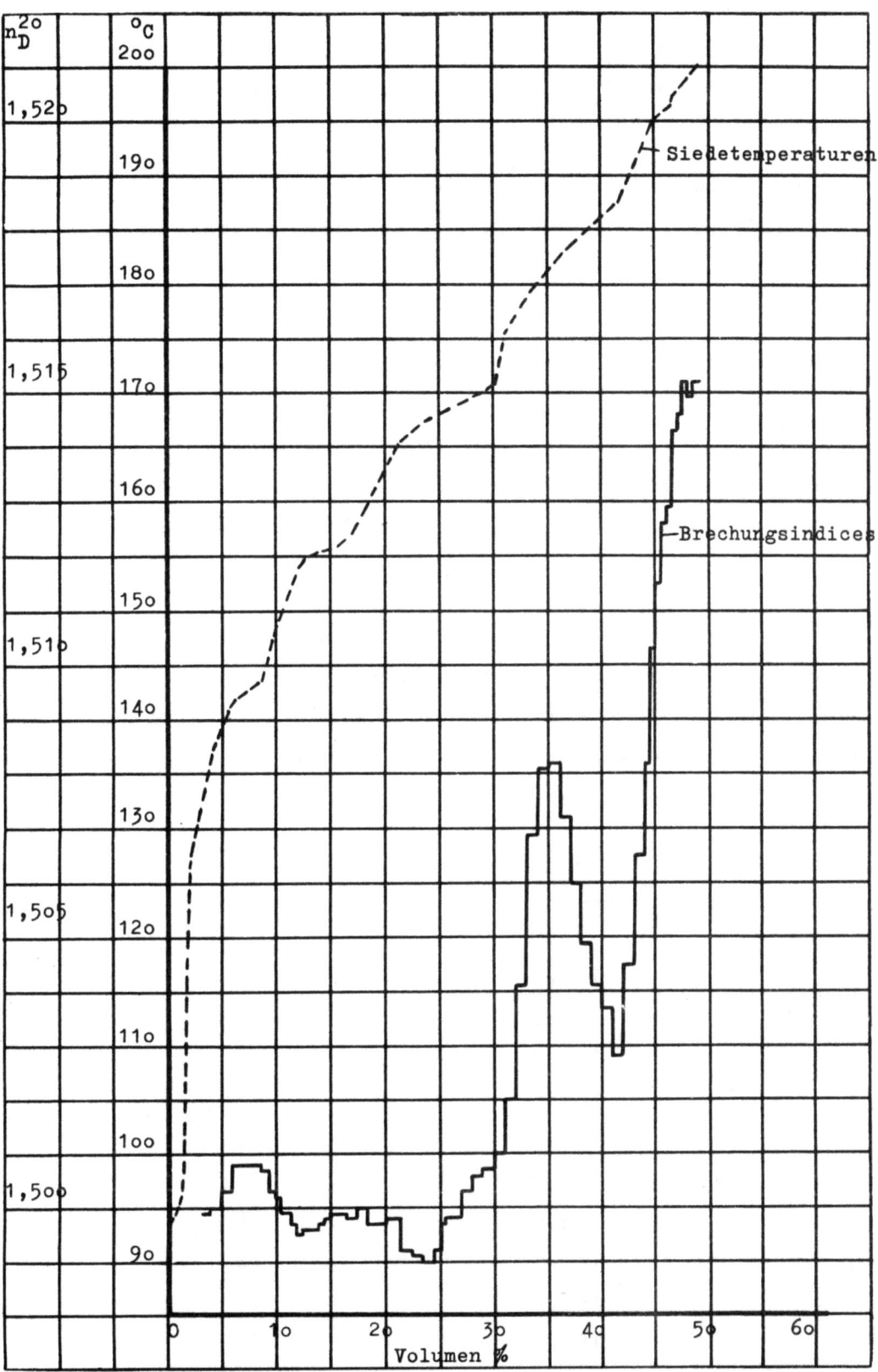

Abbildung 3
Basen aus Schwelteer

Basen wahrscheinlich mehrerer homologer Reihen verwischt[1]. Hierauf weisen auch die niedrigen Brechungsindices hin, die in den ersten 30 Vol% nicht einmal den von Picolin erreichen.

Die hohen Brechungsindices bei 180-200° deuten auf Basen mit Benzolring und Aminogruppe hin. Tatsächlich konnten in den Fraktionen V und VII mit Chromschwefelsäure Aniline nachgewiesen werden. Sie gaben violettblaue Färbungen, während Fraktion IV farblos und VI schwacher gefärbt blieb.

Abschließend muß festgestellt werden, daß zur einwandfreien Aufgliederung der Basen einerseits wesentlich größere Mengen Basengemisch eingesetzt werden müssen und daß wahrscheinlich eine weitere Vortrennung, wie z.B. fraktionierendes Fällen der Basen durch HCl, notwendig ist. Die ausführlichen Untersuchungen werden in späterer Zeit fortgesetzt.

B) Bestimmung der Phenole im Schwelteer

Die Trennung der sauren Öle, der Phenole, übernahm das Labor der Bergbau Aktiengesellschaft "Neue Hoffnung" in Oberhausen-Sterkrade (Dr. KLEINGROTHAUS). Von den entwässerten sauren Ölen wurde folgende Siedeanalyse nach KRÄMER-SPILKER erhalten:

°C	%
bis 137,5	2
138,5	4
140,5	6
142,5	8
144,5	10
146,0	12
147,5	14
148,5	16
149,5	18
150,5	20
151,5	22

---

[1] Unter homologen Reihen versteht man eine Reihe von organischen Stoffen, die sich nur durch eine CH_3-Gruppe von der tiefer siedenden Kohlenstoffverbindung unterscheiden.

°C	%
152,5	24
154,6	26
155,5	28
157,0	30
158,5	32
161,0	34
163,0	36
165,0	38
167,0	40
170,0	42
174,0	44
180,0	46
186,5	48
193,0	50
202,0	52
211,0	54
221,0	56
228,5	58
237,5	60
248,0	62
258,0	64
271,0	66
285,5	68
305,0	70
311,0	72
315,0	74
330,0	76
346,0 zers.	78

Anschließend wurden die sauren Öle einer Feindestillation bei Atmosphärendruck in einer elektrisch beheizten Kolonne von 1 m Höhe und 30 mm Durchmesser mit aufgesetztem Partialkondensator unterworfen. Die Füllung der Kolonne bestand aus 2 mm Braunschweiger Wendeln. Der Kolonnenkopf war mit Rücklaufregulierung ausgerüstet. Die Wirksamkeit der Kolonne entsprach ca. 50 theoretischen Böden. Folgendes Ergebnis wurde erhalten:

bis 188,0°C (Phenol)	7,5 Gew.%
188 - 193,0°C (o-Kresol)	3,5 Gew.%
- 204,0°C (m-p-Kresol) und 2,6-Kresol	21,5 Gew.%
214,0°C (2,4- und 2,5-Xylenol)	12,0 Gew.%
222,0°C (2,3- und 3,5-Xylenol)	9,5 Gew.%
230,0°C (3,4-Xylenol)	11,0 Gew.%
Rückstand und Destillations-Verlust	34,0 Gew.%

Gleichzeitig wurden die Phenole untersucht, die bei der Vordestillation, bei der Abtrennung der leichter siedenden Bestandteile (siehe Seite 35) aus dem Rohteer abgetrennt worden sind.

Diese Feindestillation zeigte, daß hierbei der Phenol- und der Kresolgehalt stark überwiegen, wie nicht anders zu erwarten war. Die Bestimmung des Phenolgehaltes erfolgte mit Hilfe des Erstarrungspunktes. Das o-Kresol wurde nach einer Methode, die POTTER und WILLIAMS entwickelt haben, mit Cineol ermittelt. Die anderen sauren Öle wurden nach ihren Siedepunkten bestimmt.

C) Bestimmung der neutralen Kohlenwasserstoffe im Schwelteer

Am schwierigsten war die Trennung der neutralen Kohlenwasserstoffe, denn in diesem Teil befindet sich die größte Zahl der verschiedensten Kohlenwasserstoffarten, wie Aromaten, Olefine, Paraffine und Naphthene. Diese Kohlenwasserstoffe unterscheiden sich in ihren Siedepunkten manchmal nur durch ein oder zwei Grad Celsius. Ihre Eigenschaften gehen z.T. ineinander über, und es gibt noch keine einwandfreie Methode, nach der sie sich trennen lassen. Je mehr Verbindungen im Neutralöl vorhanden sind, desto ungenauer werden die Ergebnisse.

Wie nun die zunächst beschriebene Voruntersuchung, die vom Max-Planck-Institut in Mülheim/Ruhr durchgeführt wurde, erkennen läßt, ist die Zahl der vorhandenen Verbindungen nicht zu übersehen und die schließlich angegebenen Prozentgehalte an Olefinen und Aromaten müssen daher mit einer gewissen Vorsicht betrachtet werden.

Forschungsberichte des Wirtschafts- und Verkehrsministeriums Nordrhein Westfalen

Voruntersuchung der neutralen Kohlenwasserstoffe des Schwelteers

1. Allgemeine Untersuchungen

__Elementaranalyse__ mit direkter O-Bestimmung

C	H	N	O	S	
88,22	10,17	0,18	1,41	0,42	100,40 Gew.%

__Dichte__

$D_4^{20} = 0,899$

__Brechungsindex__

n_D^{20} = 1,5150 - 1,5160 (wegen der dunklen Farbe des Öles war keine genauere Ablesung möglich).

__Bestimmung der ungesättigten Kohlenwasserstoffe__

Jodzahl: (1/2 Std. Einw.-Zeit) 53,0

Absorption mit Phosphorpentoxyd-Schwefelsäure nach Verdünnen
mit n-Decan 1:1   83,5 Vol%

daraus ergibt sich für eine mittlere C-Zahl
= 10,5 auf Grund der Jodzahl   ca. 30 % Olefine

aus der Differenz   ca. 55 % Aromaten

__Analytische Vakuum-Destillation des Neutralöles an einer 1,25 m-Drehbandkolonne__

Die Destillation von 100 cm^3 des Neutralöles an der 1,25 m-Drehbandkolonne (ca. 40 th.B.) ergab nur _einen_ deutlichen Haltepunkt im Naphthalin-Bereich, der nach der Destillationskurve etwa 20 % des Neutralöles ausmacht. Hiervon war etwa die Hälfte Naphthalin, wie aus Abschnitt 3 zu ersehen ist. An der Brechungskurve der analytischen Destillation waren weiterhin die Anreicherungsgebiete der Methyl- bzw. Dimethyl-Naphthaline deutlich zu erkennen. Auch unterhalb des Naphthalin-Bereiches zeigt die Erhöhung des Brechungsindex die Anreicherung von Aromaten an verschiedenen Stellen an. Nachdem 83,6 Vol% übergegangen waren, wurde die Destillation bei einer Kopftemperatur von 190° bei 25 Torr beendet. Der feste, schwarze, pechähnliche Rückstand wurde nicht weiter untersucht.

Forschungsberichte des Wirtschafts- und Verkehrsministeriums Nordrhein Westfalen

Vakuumfraktionierung einer größeren Menge des Neutralöles an einer 1,10 m-Füllkörperkolonne und Untersuchung der Fraktionen (vergl. Abb. 4)

10 Liter des Neutralöles wurden an einer 1,10 m-Füllkörperkolonne (5 cm Säulendurchmesser, 25 Ltr.-Blase) aus Stahl zur Vakuumdestillation eingesetzt. Die Wirksamkeit der aus 2 x 2 mm Stahlspirälchen bestehenden Füllkörper-Säule betrug ca. 30-40 theoretische Böden. Zunächst wurde bei einem Vakuum von 65 mm Hg destilliert; nachdem ca. 1,1 Ltr. bis 90° Kopftemperatur übergegangen waren, wurde das Vakuum auf 25 mm Hg verbessert. Schließlich wurde bei 148° und 25 mm Hg, als insgesamt 6880 cm^3 abdestilliert waren, die Destillation unterbrochen.

Der Blasenrückstand von 2120 cm^3 wurde ausgefüllt und zunächst durch Vakuum-Destillation aus einem Claisenkolben vom Pech befreit. Das Produkt ging zwischen 110-214°C/2 mm Hg über, der Rückstand von 240 g = 2,66 % Pech wurde nicht weiter untersucht. Die weitere Feinfraktionierung erfolgte an einer 80 cm Füllkörperkolonne (Glas, 4 cm Säulendurchmesser, 4 x 4 mm Stahlspirälchen) von ca. 15 theoretischen Böden bei einem Druck von anfänglich 13, dann 10 und zuletzt 7 mm Hg.

Bei den beiden genannten Vakuumfraktionierungen wurden bei einem Mindest-Rückflußverhältnis von 1:10 bis 1:15 stündlich ca. 0,05-0,1 Ltr. (max.) abgenommen; die zweite Destillation bei weiter vermindertem Druck erfolgte größtenteils noch wesentlich langsamer. Bei der ersten Vakuumfraktionierung wurden 30 Fraktionen erhalten. Aus den Fraktionen 14-18 kristallisierte reichlich Naphthalin aus. Bei der zweiten Fraktionierung ergaben sich 17 Fraktionen, von denen die meisten festere Anteile ausschieden. Von sämtlichen Fraktionen beider Destillationen wurden folgende Kennzahlen bestimmt:

Dichte bei 20°, Brechungsindex n_D^{20}, Jodzahl, P_2O_5-Schwefelsäure-Absorption (direkt und nach Verdünnen mit Nonan 1:1), von einigen auch der Erstarrungspunkt. Bei den Naphthalin-Fraktionen wurden diese Kennzahlen nur von den flüssigen Anteilen bestimmt, bei den übrigen Fraktionen mit festen Anteilen jedoch an der gesamten Fraktion, soweit dies nach dem Aufschmelzen der Kristalle infolge Unterkühlung möglich war. Von den weitgehend von Olefinen und Aromaten freien Rückständen der ohne Verdünnen ausgeführten P_2O_5-H_2SO_4-Absorption wurde noch der Brechungsindex und Anilinpunkt bestimmt.

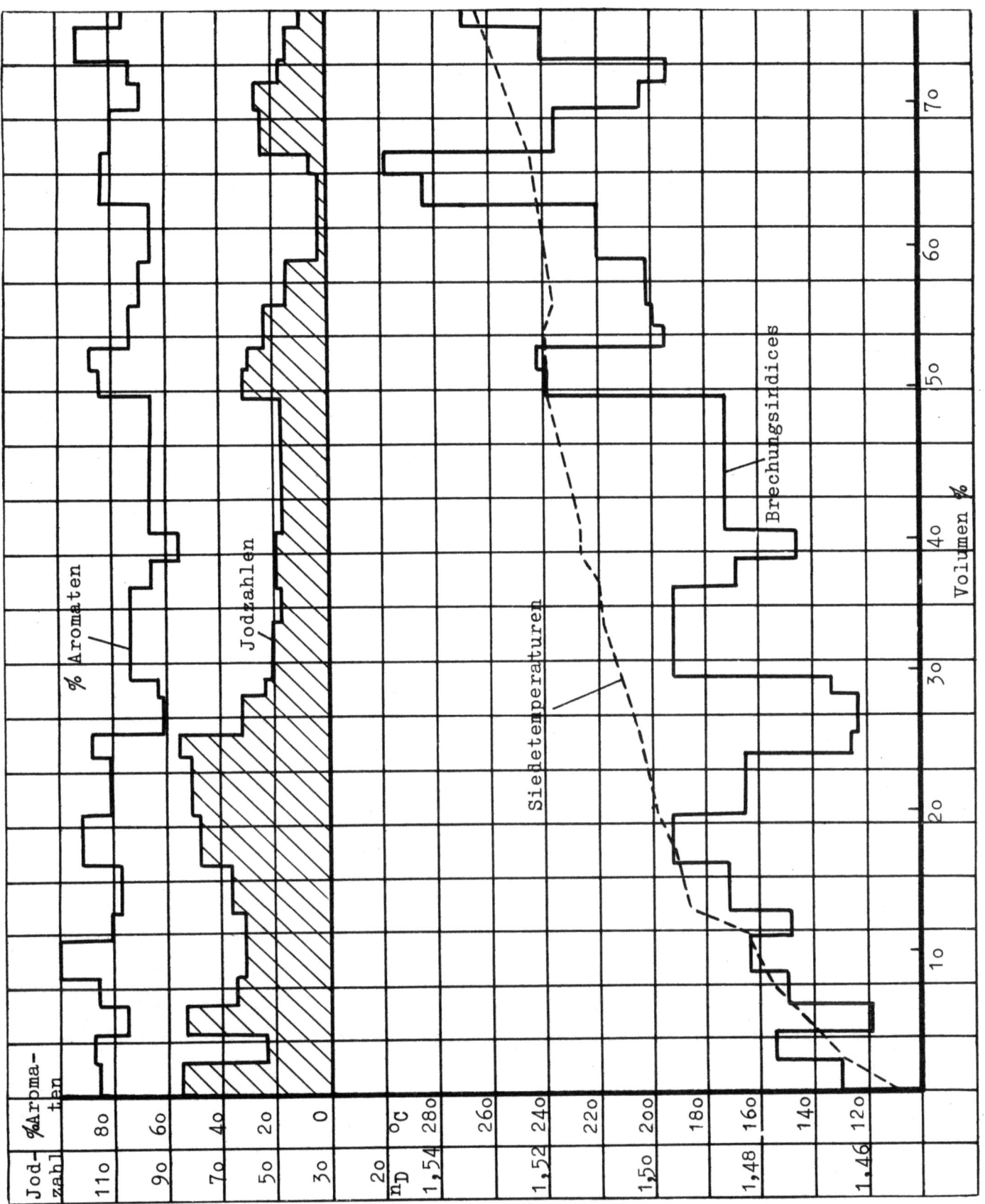

Abbildung 4
Siedeverlauf der neutralen Kohlenwasserstoffe

Diesen Untersuchungen kommt jedoch nicht viel Bedeutung zu, da die Absorption der ungesättigten Anteile _ohne_ Verdünnen durch Nonan nur unvollständig war. Nach Verdünnen im Verhältnis 1:1 wurden nämlich um ca. 10 % höhere Absorptionswerte erhalten. Im Diagramm wurde nur der Verlauf folgender Werte aufgetragen: Siedepunkt, Brechungsindex, Jodzahl und Säure-Absorption nach Verdünnen mit Nonan 1:1. Der Verlauf der Fraktionierungen geht ferner aus Tab. 5 und 6 hervor.

Während die Siedekurve beider Destillationen über die Zusammensetzung des Neutralöles nur wenig Aufschluß gibt, sind die C-Zahl-Bereiche der Aromaten (C_2-Alkyl-, C_3-Alkyl-Benzole, C_4-Alkylbenzole und Inden u.a., C_5-Alkylbenzole und Naphthalin, Methyl- bzw. Dimethylnaphthaline und schließlich noch höhersiedende Aromaten) in den Dichten und in der Brechungsindex-Kurve scharf ausgeprägt. Auch Jodzahl und P_2O_5-H_2SO_4-Absorption zeigen einen ähnlichen Verlauf, wenn auch nicht alle Dichte- und Brechungsmaxima mit den Säure-Absorptionsmaxima bzw. Jodzahlminima zusammenfallen.

Aus den Fraktionen 2,3 und 4 der zweiten Fraktionierung kristallisierte Acenaphthen aus. Fraktion 5 und 6 enthielten vermutlich 2,3-Dimethyl-Naphthalin und andere Dimethylnaphthaline. Die festen Anteile von Fraktion 9 und 10 bestanden wahrscheinlich hauptsächlich aus 2,6-Dimethyl-Naphthalin. Aus Fraktion 13-16 schieden sich weitere Alkyl-Naphthaline und vielleicht auch etwas Anthracen aus, aus Fraktion 12 und 17 wurden geringe Mengen fester Paraffine (Fp 38 bzw. 63°) isoliert.

Der mittlere Aromatengehalt des Neutralöls beträgt ca. 50 %; hierzu kommen noch einige Prozent aus Fraktion 14-18 auskristallisiertes Naphthalin, so daß mit einem Aromatengehalt von rund 60 % gerechnet werden kann. Der mittlere Olefingehalt dürfte sich um 25-30 % bewegen. Diese Werte können keine große Genauigkeit beanspruchen, stimmen jedoch mit den am ursprünglichen Produkt bestimmten Zahlen (s.Abschnitt 1) recht gut überein.

Forschungsberichte des Wirtschafts- und Verkehrsministeriums Nordrhein Westfalen

Tabelle 5

Fr.-Nr.	Kp-Bereich °C	mm Hg	cm³	cm³	n_D^{20}	D_4^{20}	Jodzahl nach 1/2 h	Wijs 1 h	P_2O_5-H_2SO_4 Absorption verd. mit 100% n-C_9 %	Fp °C	Bemerkungen
1	42,0– 65,0	65	225	225	1,4642	0,818	84,4	86,9	85		
2	65,0– 71,0	65	165	390	1,4768	0,835	53,5	54,8	87		
3	71,0– 80,5	65	170	560	1,4588	0,811	82,6	84,3	75		
4	80,5– 87,5	65	215	775	1,4743	0,839	64,1	67,2	85		
5	87,5– 91,2	65	215	900	1,4812	0,853	60,8	67,8	99		
6	91,2– 93,6	65	190	1180	1,4738	0,827	60,9	63,9	81		Fichtenspan-reakt. posit. P_2O_5-H_2SO_4 er-
7	73,2– 78,0	25	310	1490	1,4855	0,859	65,7	65,5	77	–67	gibt roten Farbst.
8	78,0– 85,0	25	315	1805	1,4962	0,877	77,1	82,1	91	–80	
9	85,0– 89,5	25	355	2160	1,4826	0,865	80,1	84,2	81		
10	89,5– 91,0	25	140	2300	1,4626	0,827	85,0	85,8	87		
11	91,0– 96,0	25	235	2535	1,4612	0,819	61,7	63,1	61		
12	96,0– 98,0	25	120	2655	1,4661	0,827	53,8	57,5	63		
13	98,0–104,0	25	350	3005	1,4960	0,871	50,5	53,1	73		
14 a) fest											
b) flüssig	104,0–105,0	25	235	3240	1,4960	0,868	47,2	48,6	73	+ 69,15	
15 a) fest											Daten außer Fp von flüss., Fp
b) flüssig	105,0–110,8	28	170	3410	1,4842	0,847	49,6	46,3	65	+ 70,6	v. festen Antei-
16 a) fest											len bestimmt
b) flüssig	110,8–112,0	27	170	3580	1,4728	0,828	42,9	44,7	55	+ 63,9	
17 a) fest											
b) flüssig	112	26	856	4436	1,4858	0,856	47,3	49,0	65	+ 73,8	

Forschungsberichte des Wirtschafts- und Verkehrsministeriums Nordrhein Westfalen

Fortsetzung von Tabelle 5 :

Fr.-Nr.	Kp-Bereich °C	mm Hg	cm³	cm³	n_D^{20}	D_4^{20}	Jodzahl nach ½ h	Wijs 1 h	$P_2O_5-H_2SO_4-$ Absorption verd. mit 100 % n-C_9 %	Fp °C	Bemerkungen
18 a) fest b) flüssig			140	4576	1,5193	0,917	61,6	64,0	84	+ 67,7	
19	123,0	28	135	4711	1,5213	0,920	58,9	62,3	87		
20	123,0-121,2	28-25	165	4876	1,4973	0,878	53,1	55,5	73		
21	121,2-124,5	25	155	5031	1,4993	0,883	53,2	50,9	73		
22	124,5-126,0	25	275	5306	1,5008	0,878	44,7	46,6	69		Frakt. 23, 24, 25 zeigen starke blaue Fluoreszenz
23	126,0-128,1	25	345	5651	1,5097	0,880	32,9	34,4	65		
24	128,1-129,0	25	205	5856	1,5418	0,931	32,7	35,0	83		
25		25	125	5981	1,5492	0,945	35,4	36,7	83		
26	129,0-135,4	25	275	6256	1,5178	0,909	53,8	55,4	79		
27	135,4-139,0	25	170	6426	1,5019	0,882	56,0	59,9	69		
28	139,0	25	135	6561	1,4968	0,871	47,4	50,5	73		
29	139,0-145,5	25	205	6765	1,5204	0,902	44,5	43,5	92		
30	145,5-148,0	25	115	6880	1,5345	0,920	39,0	37,9	75		

Seite 48

Forschungsberichte des Wirtschafts- und Verkehrsministeriums Nordrhein Westfalen

Tabelle 6

Fr.-Nr.	n_D^{20} a)	D_4^{20} a)	Jodzahl nach 1/2 h	Wijs 1 h	P_2O_5-H_2SO_4-Absorption verd. mit 100% n-C_9	Festes Rohprodukt g	Fp d. festen Anteile 1 x aus Äthanol umkristallisiert	Bemerkungen
1	1,5436	0,932	37,8	41,8	82	–	–	
2	1,5347	0,926	39,3	46,2	78	5	94	Acenaphthen
3	1,5321 b)	0,935	40,8	48,3	78	11	94	
4	1,5532	0,968	38,9	46,1	84	5	94	wahrsch. 2,3-Di-methylnaphthalin
5-6	1,5568 b)	0,986	35,7	43,0	86	26	83	
7	1,5530	0,960	33,0	37,3	84	–	–	
8	1,5475	0,943	34,5	38,4	85	–	–	wahrsch. 2,3-Di-methylnaphthalin
9	1,5577 b)	–	31,4	34,9	88	17	109	
10	1,5568	0,966	28,4	33,3	85	1	109	
11	1,5498	0,959	36,1	39,4	86	–	–	Eicosan od. Heneicosan
12	1,5499	0,958	38,2	45,2	82	1	38	Dimethylnaphthaline
13	1,5583	0,970	45,5	49,5	83	1,5	155	
14	–	–	25,2	26,3	88	35	150	
15	–	–	45,3	47,4	87	8	195	vermutl. Anthracen
16	1,5760 b)	–	47,2	49,2	84	6	220	
17	–	–	30,5	38,0	–	4	63	Paraffin

a) Die Dichte und der Brechungsindex wurden von den Gesamt-Fraktionen bestimmt

b) n_D^{20} von flüssigen Anteilen bestimmt

Tabelle 7

	Bestimmung im Rohprodukt	Mittelwert der Best. in d. Einzelfraktion
% Olefine	30	25 - 30
% Aromaten	55	60
% Paraffine + Naphthene	15	10 - 15

Nach Abschluß der Voruntersuchung der neutralen Kohlenwasserstoffe läßt sich feststellen, daß durch diese Untersuchung ein Anhalt über die Zusammensetzung erhalten wurde. Klar wurde jedoch erkannt, daß zur näheren Aufklärung größere Anstrengungen unternommen werden müssen, wenn auch nur einigermaßen die einzelnen Bestandteile erkannt werden sollen. Es wird daher verständlich sein, daß wir die gesamten Kohlenwasserstoffe nochmals unterteilt haben, und zwar in die bis 180°C siedenden Fraktionen (diese mußten aus technischen Gründen, wie schon auf Seite 35 beschrieben, abgetrennt werden), in die bis 280°C siedenden Fraktionen und den höher siedenden Rest. Die ermittelten Daten der beiden ersten Teile haben wir getrennt untersucht, jedoch gemeinsam in den vier großen Kurvenblättern (Abb. 5-8) aufgetragen, weil die analytische Aufarbeitung bei beiden die gleiche war. Der höher siedende Anteil wurde nicht so ausführlich bearbeitet, da zu erwarten ist, daß seine technische Bedeutung geringer bleiben wird. Man wird diesen Teil aller Voraussicht nach immer geschlossen als Heizöl oder auch Dieselöl verwenden, sodaß sich eine technische Auftrennung nicht so lohnen sollte. Da jedoch die Zusammensetzung noch manche Überraschung bieten kann, wurde er trotzdem in großen Zügen aufgegliedert. Nun könnte man denken, man sollte diesen Teil überhaupt nicht näher untersuchen. Hierzu ist zu sagen, daß eine unbekannte Substanz allemal für Überraschungen sorgen kann und es möglich ist, daß einige dieser Verbindungen in späterer Zeit trotz allem größere Bedeutung gewinnen kann und daher eine Isolierung dieser oder jener Verbindung auch wirtschaftliche Vorteile bieten kann.

Die bis 280°C siedenden Fraktionen wurden in einer größeren Kolonne (25 l Blase) getrennt in Fraktionen von ungefähr 800 cm^3 vorfraktioniert. In einer Füllkörperkolonne nach TRAMM-KOLLING wurden diese Fraktionen wiederholt destilliert und dabei Fraktionen von maximal 20 cm^3

abgenommen, die z.T. in einer Drehbandkolonne nach Dr. KOCH nochmals destilliert wurden. Anschließend wurden die chemischen und physikalischen Eigenschaften ermittelt. So wurde der Gehalt an Aromaten und Olefinen gemeinsam mit Schwefelsäure und Phosphorpentoxyd und der Gehalt an Olefinen mit Natriumbromid in Methylalkohol ermittelt.

Methode zur Bestimmung der Aromaten + Olefine

Die Kattwinkel-Säure (eine Mischung aus $H_2SO_4 + P_2O_5$) wurde hergestellt, indem 30 g Phosphorpentoxyd in 100 cm^3 konz. Schwefelsäure gelöst wurden. Dieses Säuregemisch wurde in ein Olefinglas[1] gefüllt, wobei der obere Stand der Säure einige Millimeter in den mit Meßstrichen versehenen Teil des Rohres hineinragte. Auf diese Säure wurden vorsichtig 10 cm^3 der Lösung, die untersucht werden soll, überschichtet und das Glas verschlossen. Das Glas wurde ungefähr 15 Minuten lang bei $0°C$ (Eiswasser) und anschliessend noch 45 Minuten bei 20 bis $25°$ geschüttelt. Hierauf wird das Glas in eine Zentrifuge gesetzt bis sich der gebildete Schaum abgesetzt hat. Beim Ablesen ist zu beachten, daß nur die Verminderung der Kohlenwasserstoffe richtige Werte anzeigt und daß für die Löslichkeit der Paraffine und Naphthene eine Korrektur von 2 % angebracht werden muß.

Methode zur Bestimmung der Olefine

Zur Bestimmung der Olefine wurde eine abgewogene Menge Substanz in Methylalkohol, dem Natriumbromid beigemischt ist, gelöst, so daß eine an Olefinen 0,1 molare Lösung vorliegt. Hierzu wird von der Bromlösung ein möglichst gering zu haltender Überschuß zugegeben und 5 Min. gewartet. Dann versetzt man mit einer Natriumjodidlösung den Überschuß und titriert mit Natriumthiosulfat das ausgeschiedene Jod. Durch diese Methode wird erreicht, daß sich Brom nur an die Doppelbindungen anlagert. Zur genauen Errechnung der Olefine muß noch das Molekulargewicht der einzelnen Fraktionen ermittelt werden. Hierzu wird die Erniedrigung des Schmelzpunktes einer Verbindung durch kleine Mengen unbekannter Stoffe ausgelöst.

Die in den Kurvenblättern 5 - 8 aufgeführten Aromatengehalte wurden durch

---

[1] Hierunter versteht man einen Glaskolben, dessen oberer Teil mit Meßstrichen versehen ist und mit einem Schliff verschlossen werden kann.

Forschungsberichte des Wirtschafts- und Verkehrsministeriums Nordrhein Westfalen

Subtraktion der Olefingehalte von den Gehalten der Aromaten + Olefine erhalten. Zur Ermittlung der gleichfalls aufgezeichneten Brechungsindices diente ein Refraktometer. Die Siedepunkte bei 760 mm Hg der einzelnen Fraktionen wurden nach der Fraktionierung in einer besonderen Apparatur festgestellt.

Die höher siedenden Anteile wurden wiederum vom Max-Planck-Institut in Mülheim (Dr. KOCH) untersucht. Hierzu wurde an einer Probe der ungefähre Siedebereich durch eine Vakuumsiedeanalyse bestimmt.

Ergebnisse:

Vakuumsiedeanalyse des Neutralöls > 280°C siedend

cm^3	Kp	mm Hg
5	120°	4
10	131	3
20	158	4
30	178	4
40	201	4
50	228	5
60	251	5
70	277	5
80	334	7
87	348	7 Siedeende

Eingesetzt: 100 cm^3
Siedebeginn: 80° bei 4 mm Hg
Siedeende: 348° bei 7 mm Hg
Starke Spaltung unter Nebelbildung, Rückstand fest, teilweise koksartig.

Für die Durchführung einer analytischen Feinfraktionierung an einer Drehbandkolonne konnte infolge seines bis ca. $350°_{7 mm Hg}$ hinaufreichenden Siedebereiches das Neutralöl als solches nicht eingesetzt werden; es erschien daher wünschenswert, vorher eine Fraktion mit einem Siedeende nicht über $220°_{15 mm Hg}$ abzutrennen und dann erst die Feinfraktionierung dieses Schnitts an einer 1,25 m-Drehbandkolonne aus Quarz durchzuführen (Tabelle 7). Die Trennwirkung unserer Kolonne dürfte unter den angewandten Bedingungen (Rückflußverhältnis ca. 1:30, Belastung ca. 300 cm^3/cm^2 und Stunde, Druck 10 mm Hg) etwa 30 theoret. Böden entsprechen. Wir unterteilten in Fraktionen von je 3 cm^3, von denen zunächst der Brechungsindex bestimmt wurde. Die Abb. 9 zeigt zwar kein ausgeprägtes Plateau, das irgendeiner in größerer Menge vorliegenden einheitlichen Komponente zugeordnet werden könnte; jedoch lassen die Minima und Maxima der Brechungsindexkurve eine weitgehende Aufspaltung eines jeden C-Zahl-Bereichs in mehr oder weniger gesättigte bzw. vorwiegend offenkettige Kohlenwasserstoffe mit niedrigem Brechungsvermögen sowie in stark ungesättigte bzw. cyclische mit hohem Brechungsindex erkennen. Die ausgesprochen in einem solchen Maximum oder Minimum liegenden Fraktionen wurden zu mehreren zusammengefaßt, so daß genügend Substanz für die Bestimmung der ungesättigten + aromatischen Kohlenwasserstoffe durch Absorption mit Phosphorpentoxyd-Schwefelsäure vorhanden war. Bei dem hohen Ungesättigten-Gehalt erwies es sich als ratsam, diese Bestimmungen nach Verdünnung mit reinstem n-Nonan im Verhältnis 1:1 vorzunehmen. Die Ergebnisse sind nebst den durch Elementaranalyse ermittelten C- und H-Gehalten in Tabelle 9 zusammengestellt. Eine Gesamt-Fraktionstabelle der von uns durchgeführten Feinfraktionierung ist in der Tabelle 8 enthalten. Auf eine nähere Untersuchung der höheren, teilweise kristallisierten Fraktion wurde verzichtet.

Abschließend ist noch darauf hinzuweisen, daß den Minima und Maxima im Brechungsindex durchaus entsprechende niedrigere und höhere Kohlenstoffgehalte (umgekehrt natürlich höhere bzw. niedrigere Wasserstoffgehalte) der herausgegriffenen Fraktionen gegenüberstehen. Die Phosphorpentoxyd-Schwefelsäure-Absorption hingegen liegt überall nahezu gleich in der Größenordnung von ca. 80 %. Sie zeigt keine ausgeprägten, mit den anderen Eigenschaften der Fraktionen korrespondierende Minima oder Maxima.

Tabelle 8

Destillative Untersuchung des Neutralöls Saarschwelteer. Vakuum-Feinfraktionierung eines Schnittes vom Siedebeginn bis $220°_{15\ mm\ Hg}$ an einer 1,25 m-Drehbandkolonne.

Aus einer Probe von 460 g Neutralöl gingen bei Vakuumdestillation mit Claisen-Aufsatz 188 g bis $220°_{15\ mm\ Hg}$ über, wovon 135 g = 150 cm^3 zur Vakuum-Destillation bei 10 mm Hg an der 1,25 m-Quarzdrehbandkolonne eingesetzt wurden.

Forschungsberichte des Wirtschafts- und Verkehrsministeriums Nordrhein Westfalen

Tabelle des Destillationsverlaufs

Nr.	$Kp_{10\ mm\ Hg}$	cm^3	cm^3	n_D^{20}	Bemerkungen
	58,0	-	0,5 cm^3 Kap.Inh.		Beginn d. Abnahme
1	92,0	3,0	3,5	1,4553	
2	101,0	3,0	6,5	1,4995	
3	109,5	3,0	9,5	1,5078	
4	114,5	3,0	12,5	1,5263	vereinigt
5	117,0	3,0	15,5	1,5278	
6	121,0	3,0	18,5	1,5169	vereinigt
7	125,0	3,0	21,5	1,5169	
8	127,0	3,0	24,5	1,5278	
9	130,0	3,0	27,5	1,5400	
10	132,0	3,0	30,5	1,5429	vereinigt
11	133,0	3,0	33,5	1,5418	
12	136,5	3,0	36,5	1,5331	
13	139,0	3,0	39,5	1,5307	vereinigt
14	143,0	3,0	42,5	1,5317	
15	144,5	3,0	45,5	1,5383	
16	145,0	2,0	47,5	1,5415	vereinigt
17	145,5	3,0	50,5	1,5422	
18	150,0	3,0	53,5	1,5406	
19	150,0	3,0	56,5	1,5417	
20	151,5	3,0	59,5	1,5449	
21	154,0	3,0	62,5	1,5483	vereinigt
22	155,5	3,0	65,5	1,5483	
23	158,5	3,0	68,5	1,5450	
24	161,0	3,0	71,5	1,5382	
25	163,0	3,0	74,5	1,5319	
26	166,0	3,0	77,5	1,5291	vereinigt
27	168,5	3,0	80,5	1,5332	
28	168,5	3,0	83,5	1,5408	
29	171,0	3,0	86,5	1,5465	
30	172,5	2,0	88,5	1,5479	vereinigt
31	174,0	3,0	91,5	1,5461	

Forschungsberichte des Wirtschafts- und Verkehrsministeriums Nordrhein Westfalen

Fortsetzung Tabelle 8:

Nr.	Kp_{10} mm Hg	cm^3	cm^3	n_D^{20}	Bemerkungen
32	175,0	3,0	94,5	1,5421	
33	175,5	3,0	97,5	1,5418	
34	178,5	3,0	100,5	1,5465	n_D^{60}
35[+]	180,5	3,0	103,5	-	1,5337
36[+]	182,5	4,0	107,5	-	1,5298
37	184,5	3,0	110,5	1,5402	1,5242
38	189,0	3,0	113,5	1,5437	1,5274
39	191,0	3,0	116,5	1,5490	1,5333
40[+]	194,0	3,0	119,5	-	1,5342
41[+]	195,0	3,0	122,5	-	1,5336
42[+]	199,0	3,0	125,5	-	1,5329
43[+]	204,5	3,0	128,5	-	1,5319
44[+]	207,0	3,0	131,5	-	1,5307
45[+]	210,5	3,0	134,5	-	1,5401
46[+]	213,0	1,3	135,8	-	1,5374
47[+]	213,0	13 g			Rückstd.

+ = teilweise kristallisiert.

Tabelle 9

Chemische Untersuchung einiger Fraktionsgruppen aus der Feinfraktionierung des Neutralöls aus Saarschwelteer

Fraktions-gruppe	Siedebereich °C, 10 mm Hg	Absorp. m.P_2O_5/H_2SO_4 Vol.	Elementaranalyse (Fa. Bernhardt)		n_D^{20} (zum Vergleich)
			% C	% H	
Fr. 4+5	109,5-117,0	80	88,80	9,90	1,5263 1,5278
Fr. 6+7	117,0-125,0	78	87,39	10,22	1,5169
Fr. 9-11	127,0-133,0	82	88,47	9,88	1,5400 1,5429 1,5418
Fr. 12-14	133,0-143,0	80	87,47	10,53	1,5331 1,5307 1,5317

Forschungsberichte des Wirtschafts- und Verkehrsministeriums Nordrhein Westfalen

Fortsetzung Tabelle 9:

Fraktions-gruppe	Siedebereich °C, 10 mm Hg	Absorp. m.P_2O_5/ H_2SO_4 Vol.	Elementaranalyse (Fa. Bernhardt) % C	% H	n_D^{20} (zum Vergleich)
Fr. 16+17	144,5-146,5	85	87,92	9,86	1,5415 1,5422
Fr. 21+22	151,5-155,5	82	88,75	10,04	1,5483
Fr. 25-27	161,0-168,5	78	87,58	10,59	1,5319 1,5291 1,5322
Fr. 29-31	168,5-174,0	80	88,38	9,92	1,5465 1,5479 1,5461

7. Verwendung und Veredlung des Schwelteers

Zur Verwendung des anfallenden Schwelteers könnte eine Vortrennung in verschieden siedende Fraktionen sehr zweckmäßig sein.

Destillation

Wasser	3 - 5 %
Schwelteerbenzin	7 -10 % (bis 180° siedend)
Treiböl	25 -28 % (siedend von 180-330° bzw. -280°)
Schmieröl	20 -25 % (oberhalb 330° siedend)
Destillationsrückstand	32 -45 %

Das <u>Schwelbenzin</u> kann einmal als solches nach geeigneter Reinigung der Autoindustrie als Vergaserkraftstoff zugeführt werden oder durch die neueren katalytischen bzw. thermischen Verfahren zu Aromaten umgewandelt werden. Hierzu eignen sich im besonderen die leicht siedenden Fraktionen, aus denen die gefragten Aromaten, besonders Benzol, leicht herzustellen sind.

Forschungsberichte des Wirtschafts- und Verkehrsministeriums Nordrhein Westfalen

Das Treiböl enthält einen großen Anteil an Phenolen (40-45 %). Man kann nun Treiböl ohne weitere Aufarbeitung zum Betrieb von Dieselmotoren verwenden, wenn die Schweltemperatur nicht allzu hoch war. Zweckmäßig dürfte jedoch eine chemische Abtrennung der Phenole und eine getrennte Verwendung der beiden Teile sein.

Die über 330° siedenden Öle und der Destillationsrückstand (Pech) werden zweckmäßig gemeinsam hydriert, da der Phenolanteil in den über 330° siedenden Ölen gering ist.

Bei der Hydrierung des Schwelpechs in asphaltfreie Öle ist es jedoch angebracht, die vorhandene auch organisch gebundene Asche vorher durch eine thermische Behandlung bei 400° und anschließende Filtration zu entfernen.

Größere Bedeutung würde der Schwelteer besonders für die Länder ohne große Vorräte an Erdöl erlangen, wenn es gelingt, die verschiedenen Kohlenwasserstoffklassen durch einfache Methoden restlos voneinander zu trennen und sie getrennt der chemischen Industrie zuzuführen. Sie würden z.T. dieselben Produkte ergeben, wie sie heute in den Vereinigten Staaten aus Erdöl auf den Markt gebracht werden. Z.B. lassen sich aus dem Schwelteer Fraktionen herausschneiden, die an einem Benzolkern eine längere paraffinische Seitenkette haben. Aus diesen Verbindungen lassen sich nach den bekannten Methoden oberflächenaktive Stoffe herstellen, die als Netz- und Schaummittel in der Seifenindustrie und bei der Flotation von Bergen und Kohlen sehr gefragt sind. Auch erlauben die olefinischen Kohlenwasserstoffe eine Bildung von Alkoholen durch Anlagerung reaktionsfähiger Gruppen. Als Weichmacher, besonders in der Gummiindustrie, können Fraktionen des Schwelteers ausgenutzt werden. Denn gerade die Kohlenwasserstoffe des Schwelteers mit der ausgeprägten aromatischen olefinischen Natur dürften dafür geeignet sein. Natürlich können die tiefer siedenden Fraktionen des Schwelteers das Benzol als Lösungsmittel in der Gummi- und Farbstoffindustrie ersetzen. Es ist zu erwarten, daß bei den weiteren Untersuchungen aus dem Schwelteer Kohlenstoffverbindungen erhalten werden können, die noch heute durch umständliche Synthesen hergestellt werden müssen. Der Schwelpech kann als Binder für gefärbte Fußböden und Gummistreckmittel benutzt werden. Das Dieselöl kann meistens mit dem Dieselöl aus dem Erdöl vermischt werden, da hierbei keine festen Stoffe ausfallen.

<u>Forschungsberichte des Wirtschafts- und Verkehrsministeriums Nordrhein-Westfalen</u>

Wie die Erkenntnisse offenbaren, erscheint es nicht ausgeschlossen, daß sich auf dem Schwelteer ein Zweig der chemischen Industrie entwickelt, dessen wirtschaftliche Bedeutung in der Zukunft sehr groß werden könnte. Selbstverständlich bedarf es hierzu noch größerer Forschungsarbeiten und als Voraussetzung die Bereitstellung entsprechender Mittel. Dem Ministerium von Nordrhein-Westfalen sei an dieser Stelle für die zur Verfügung gestellten Mittel besonders gedankt, da durch diese die Forschungsarbeit ermöglicht wurde.

                                                Dr. phil.nat. OTTO GROSSKINSKY
                                                Dr.-Ing. GEORG HUCK

Forschungsberichte des Wirtschafts- und Verkehrsministeriums Nordrhein-Westfalen

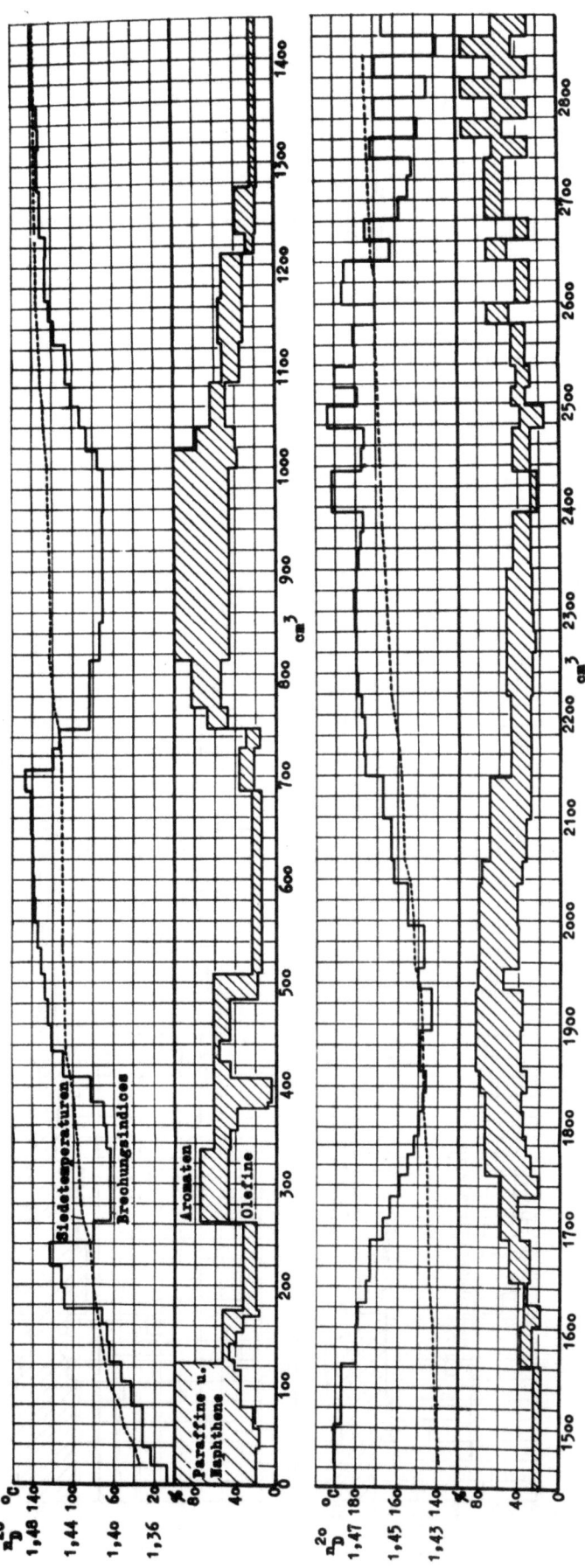

Abbildung 5

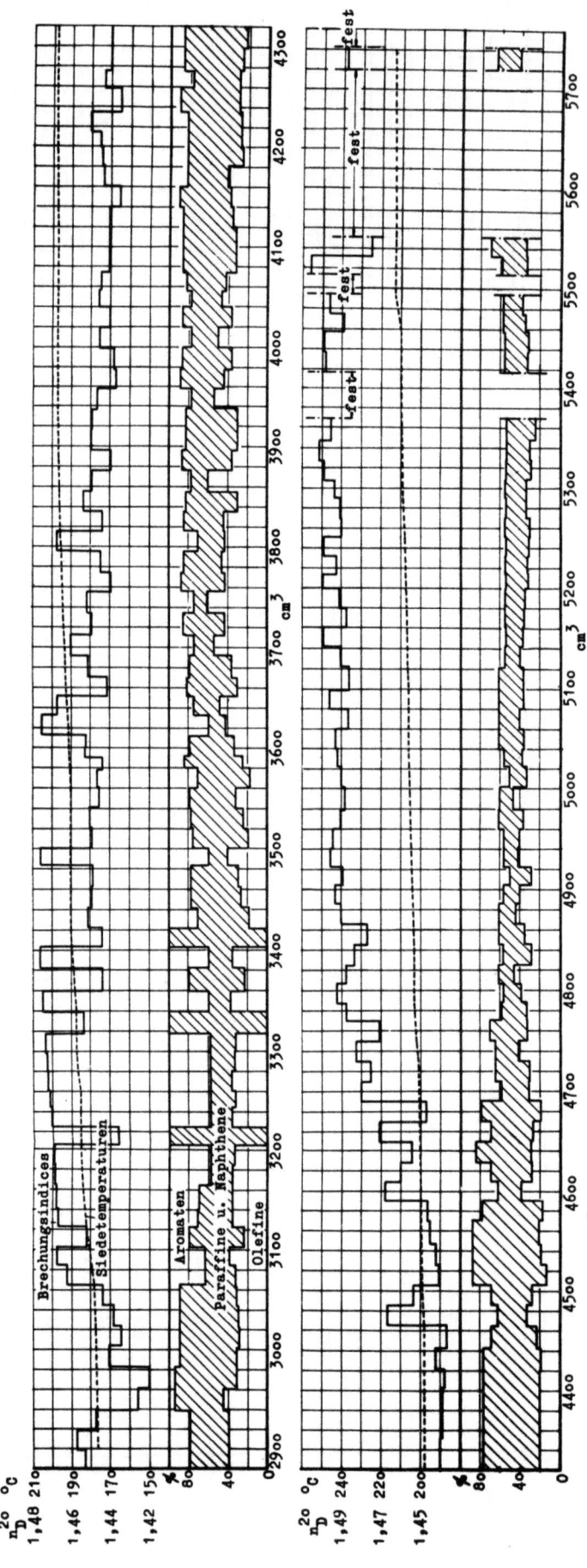

Abbildung 6

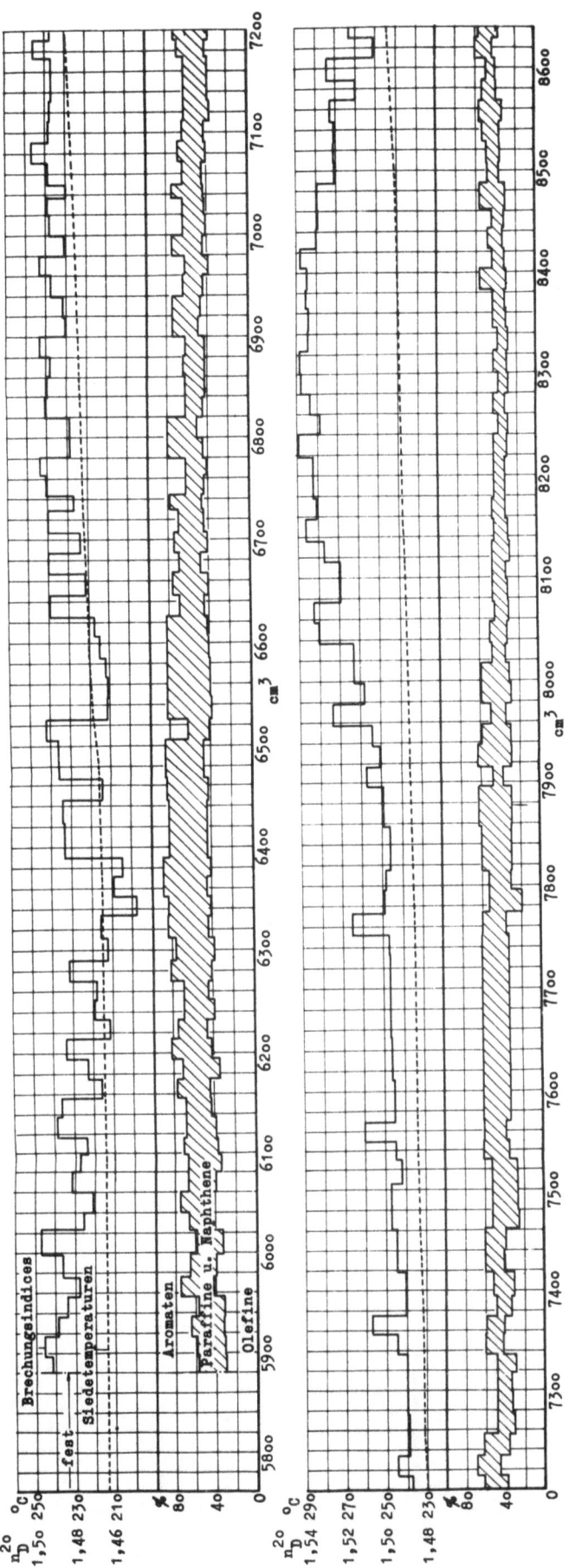

Abbildung 7

Forschungsberichte des Wirtschafts- und Verkehrsministeriums Nordrhein-Westfalen

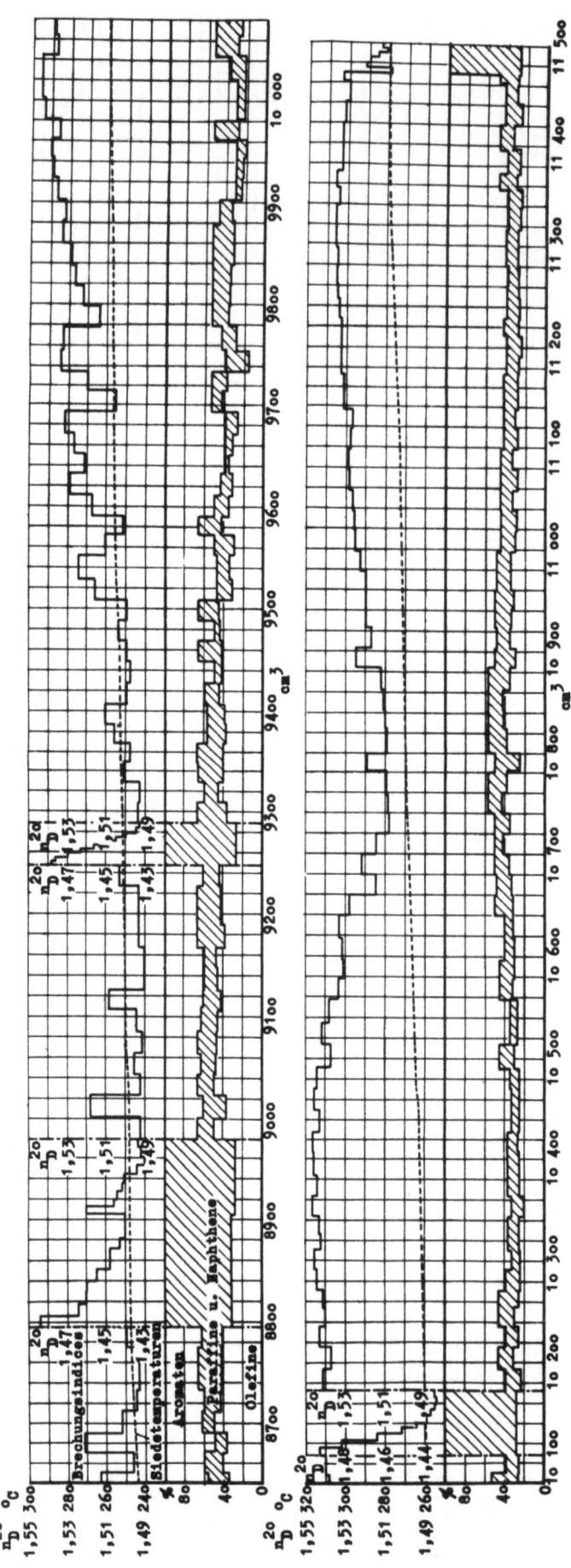

Abbildung 8

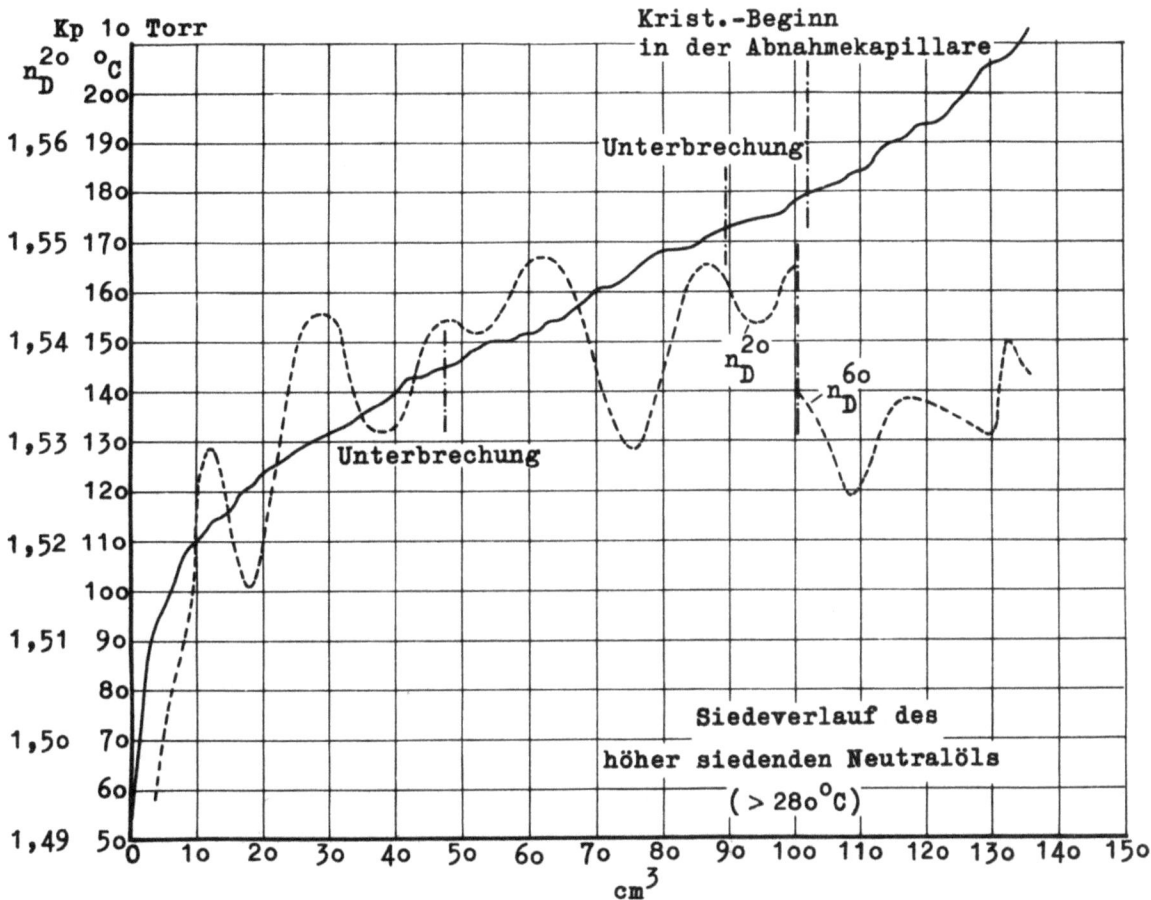

Abbildung 9

FORSCHUNGSBERICHTE
DES WIRTSCHAFTS- UND VERKEHRSMINISTERIUMS
NORDRHEIN-WESTFALEN

Herausgegeben von Ministerialdirektor Prof. Leo Brandt

Heft 1:
Prof. Dr.-Ing. Eugen Flegler, Aachen,
Untersuchungen oxydischer Ferromagnet-Werkstoffe

Heft 2:
Prof. Dr. phil. Walter Fuchs, Aachen,
Untersuchungen über absatzfreie Teeröle

Heft 3:
Techn.-Wissenschaftl. Büro für die Bastfaserindustrie, Bielefeld,
Untersuchungsarbeiten zur Verbesserung des Leinenwebstuhls

Heft 4:
Prof. Dr. E. A. Müller u. Dipl.-Ing. H. Spitzer, Dortmund,
Untersuchungen über die Hitzebelastung in Hüttenbetrieben

Heft 5:
Dipl.-Ing. Werner Fister, Aachen,
Prüfstand der Turbinenuntersuchungen

Heft 6:
Prof. Dr. phil. Walter Fuchs, Aachen,
Untersuchungen über die Zusammensetzung und Verwendbarkeit von Schwelteerfraktionen

Heft 7:
Prof. Dr. phil. Walter Fuchs, Aachen,
Untersuchungen über emsländisches Petrolatum

Heft 8:
Maria Elisabeth Meffert und Heinz Stratmann, Essen
Algen-Großkulturen im Sommer 1951

Heft 9:
Techn.-Wissenschaftl. Büro für die Bastfaserindustrie, Bielefeld,
Untersuchungen über die zweckmäßige Wicklungsart von Leinengarnkreuzspulen unter Berücksichtigung der Anwendung hoher Geschwindigkeiten des Garnes
Vorversuche für Zetteln und Schären von Leinengarnen auf Hochleistungsmaschinen

Heft 10:
Prof. Dr. Wilhelm Vogel, Köln,
„Das Streifenpaar" als neues System zur mechanischen Vergrößerung kleiner Verschiebungen und seine technischen Anwendungsmöglichkeiten

Heft 11:
Laboratorium für Werkzeugmaschinen und Betriebslehre, Technische Hochschule Aachen,
1. Untersuchungen über Metallbearbeitung im Fräsvorgang mit Hartmetallwerkzeugen und negativem Spanwinkel
2. Weiterentwicklung des Schleifverfahrens für die Herstellung von Präzisionswerkstücken unter Vermeidung hoher Temperaturen
3. Untersuchung von Oberflächenveredlungsverfahren zur Steigerung der Belastbarkeit hochbeanspruchter Bauteile

Heft 12:
Elektrowärme-Institut, Langenberg (Rhld.),
Induktive Erwärmung mit Netzfrequenz

Heft 13:
Techn.-Wissenschaftl. Büro für die Bastfaserindustrie, Bielefeld,
Das Naßspinnen von Bastfasergarnen mit chemischen Zusätzen zum Spinnbad

Heft 14:
Forschungsstelle für Acetylen, Dortmund,
Untersuchungen über Aceton als Lösungsmittel für Acetylen

Heft 15:
Wäschereiforschung Krefeld,
Trocknen von Wäschestoffen

Heft 16:
Max-Planck-Institut für Kohlenforschung, Mülheim a. d. Ruhr,
Arbeiten des MPI für Kohlenforschung

Heft 17:
Ingenieurbüro Herbert Stein, M. Gladbach,
Untersuchung der Verzugsvorgänge in den Streckwerken verschiedener Spinnereimaschinen. 1. Bericht: Vergleichende Prüfung mit verschiedenen Dickenmeßgeräten

Heft 18:
Wäschereiforschung Krefeld,
Grundlagen zur Erfassung der chemischen Schädigung beim Waschen

Heft 19:
Techn.-Wissenschaftl. Büro für die Bastfaserindustrie, Bielefeld,
Die Auswirkung des Schlichtens von Leinengarnketten auf den Verarbeitungswirkungsgrad, sowie die Festigkeits- und Dehnungsverhältnisse der Garne und Gewebe

Heft 20:
Techn.-Wissenschaftl. Büro für die Bastfaserindustrie, Bielefeld,
Trocknung von Leinengarnen I
Vorgang und Einwirkung auf die Garnqualität

Heft 21:
Techn.-Wissenschaftl. Büro für die Bastfaserindustrie, Bielefeld,
Trocknung von Leinengarnen II
Spulenanordnung und Luftführung beim Trocknen von Kreuzspulen

Heft 22:
Techn.-Wissenschaftl. Büro für die Bastfaserindustrie, Bielefeld,
Die Reparaturanfälligkeit von Webstühlen

Heft 23:
Institut für Starkstromtechnik, Aachen,
Rechnerische und experimentelle Untersuchungen zur Kenntnis der Metadyne als Umformer von konstanter Spannung auf konstanten Strom

Heft 24:
Institut für Starkstromtechnik, Aachen,
Vergleich verschiedener Generator-Metadyne-Schaltungen in bezug auf statisches Verhalten

Heft 25:
Gesellschaft für Kohlentechnik mbH., Dortmund-Eving,
Struktur der Steinkohlen und Steinkohlen-Kokse

Heft 26:
Techn.-Wissenschaftl. Büro für die Bastfaserindustrie, Bielefeld,
Vergleichende Untersuchungen zweier neuzeitlicher Ungleichmäßigkeitsprüfer für Bänder und Garne hinsichtlich Ihrer Eignung für die Bastfaserspinnerei

Heft 27:
Prof. Dr. E. Schratz, Münster,
Untersuchungen zur Rentabilität des Arzneipflanzenanbaues
Römische Kamille, Anthemis nobilis L.

Heft: 28:
Prof. Dr. E. Schratz, Münster,
Calendula officinalis L.
Studien zur Ernährung, Blütenfüllung und Rentabilität der Drogengewinnung

Heft 29:
Techn.-Wissenschaftl. Büro für die Bastfaserindustrie, Bielefeld,
Die Ausnützung der Leinengarne in Geweben

Heft 30:
Gesellschaft für Kohlentechnik mbH., Dortmund-Eving,
Kombinierte Entaschung und Verschwelung von Steinkohle; Aufarbeitung von Steinkohlenschlämmen zu verkokbarer oder verschwelbarer Kohle

Heft 31:
Dipl.-Ing. Störmann, Essen,
Messung des Leistungsbedarfs von Doppelsteg-Kettenförderern

Heft 32:
Techn.-Wissenschaftl. Büro für die Bastfaserindustrie, Bielefeld,
Der Einfluß der Natriumchloridbleiche auf Qualität und Verwebbarkeit von Leinengarnen und die Eigenschaften der Leinengewebe unter besonderer Berücksichtigung des Einsatzes von Schützen- und Spulenwechselautomaten in der Leinenweberei

Heft 33:
Kohlenstoffbiologische Forschungsstation e. V.,
Eine Methode zur Bestimmung von Schwefeldioxyd und Schwefelwasserstoff in Rauchgasen und in der Atmosphäre

Heft 34:
Textilforschungsanstalt Krefeld,
Quellungs- und Entquellungsvorgänge bei Faserstoffen

Heft 35:
Professor Dr. Wilhelm Kast, Krefeld,
Feinstrukturuntersuchungen an künstlichen Zellulosefasern verschiedener Herstellungsverfahren

Heft 36:
Forschungsinstitut der feuerfesten Industrie, Bonn,
Untersuchungen über die Trocknung von Rohton. Untersuchungen über die chemische Reinigung von Silika- und Schamotte-Rohstoffen mit chlorhaltigen Gasen

Heft 37:
Forschungsinstitut der feuerfesten Industrie, Bonn,
Untersuchungen über den Einfluß der Probenvorbereitung auf die Kaltdruckfestigkeit feuerfester Steine

Heft 38:
Forschungsstelle für Acetylen, Dortmund,
Untersuchungen über die Trocknung von Acetylen zur Herstellung von Dissousgas

Heft 39:
Forschungsgesellschaft Blechverarbeitung e. V., Düsseldorf,
Untersuchungen an prägegemusterten und vorgelochten Blechen

Heft 40:
Landesgeologe Dr.-Ing. W. Wolff, Amt für Bodenforschung, Krefeld,
Untersuchungen über die Anwendbarkeit geophysikalischer Verfahren zur Untersuchung von Spateisengängen im Siegerland

Heft 41:
Techn.-Wissenschaftl. Büro für die Bastfaserindustrie, Bielefeld,
Untersuchungsarbeiten zur Verbesserung des Leinenwebstuhles II

Heft 42:
Professor Dr. Burckhardt Helferich, Bonn,
Untersuchungen über Wirkstoffe — Fermente — in der Kartoffel und die Möglichkeit ihrer Verwendung

Heft 43:
Forschungsgesellschaft Blechverarbeitung e. V., Düsseldorf,
Forschungsergebnisse über das Beizen von Blechen

Heft 44:
Arbeitsgemeinschaft für praktische Dehnungsmessung, Düsseldorf,
Eigenschaften und Anwendungen von Dehnungsmeßstreifen

Heft 45:
Losenhausenwerk Düsseldorfer Maschinenbau AG., Düsseldorf,
Untersuchungen von störenden Einflüssen auf die Lastgrenzenanzeige von Dauerschwingprüfmaschinen

Heft 46:
Professor Dr. phil. W. Fuchs, Aachen,
Untersuchungen über die Aufbereitung von Wasser für die Dampferzeugung in Benson-Kesseln

Heft 47:
Prof. Dr.-Ing. habil. Karl Krekeler, Aachen,
Versuche über die Anwendung der induktiven Erwärmung zum Sintern von hochschmelzenden Metallen sowie zur Anlegierung und Vergütung von aufgespritzten Metallschichten mit dem Grundwerkstoff.

Heft 48:
Max-Planck-Institut für Eisenforschung, Düsseldorf,
Spektrochemische Analyse der Gefügebestandteile in Stählen nach ihrer Isolierung

Heft 49:
Max-Planck-Institut für Eisenforschung, Düsseldorf,
Untersuchungen über Ablauf der Desoxydation und die Bildung von Einschlüssen in Stählen

Heft 50:
Max-Planck-Institut für Eisenforschung, Düsseldorf,
Flammenspektralanalytische Untersuchung der Ferritzusammensetzung in Stählen

Heft 51:
Verein zur Förderung von Forschungs- und Entwicklungsarbeiten in der Werkzeugindustrie e. V., Remscheid,
Untersuchungen an Kreissägeblättern für Holz, Fehler- und Spannungsprüfverfahren

Heft 52:
Forschungsstelle für Azetylen, Dortmund,
Untersuchungen über den Umsatz bei der explosiblen Zersetzung von Azetylen
  a) Zersetzung von gasförmigem Azetylen,
  b) Zersetzung von an Silikagel adsorbiertem Azetylen

Heft 53:
Professor Dr.-Ing. H. Opitz, Aachen,
Reibwert- und Verschleißmessungen an Kunststoffgleitführungen für Werkzeugmaschinen

Heft 54:
Professor Dr.-Ing. habil. F. A. F. Schmidt, Aachen,
Schaffung von Grundlagen für die Erhöhung der spez. Leistung und Herabsetzung des spez. Brennstoffverbrauches bei Ottomotoren mit Teilbericht über Arbeiten an einem neuen Einspritzverfahren

Heft 55:
Forschungsgesellschaft Blechverarbeitung, Düsseldorf,
Chemisches Glänzen von Messing und Neusilber

Heft 56:
Forschungsgesellschaft Blechverarbeitung, Düsseldorf,
Untersuchungen über einige Probleme der Behandlung von Blechoberflächen

Heft 57:
Prof. Dr.-Ing. habil. F. A. F. Schmidt, Aachen,
Untersuchungen zur Erforschung des Einflusses des chemischen Aufbaues des Kraftstoffes auf sein Verhalten im Motor und in Brennkammern von Gasturbinen.

Heft 58:
Gesellschaft für Kohlentechnik m. b. H., Dortmund,
Herstellung und Untersuchung von Steinkohlenschwelteer.

VERÖFFENTLICHUNGEN DER ARBEITSGEMEINSCHAFT FÜR FORSCHUNG DES LANDES NORDRHEIN-WESTFALEN

Im Auftrage des Ministerpräsidenten Karl Arnold
Herausgegeben von Ministerialdirektor Prof. Leo Brandt

Heft 1:
Prof. Dr.-Ing. Friedrich Seewald, Technische Hochschule Aachen,
Neue Entwicklungen auf dem Gebiete der Antriebsmaschinen
Prof. Dr.-Ing. Friedrich A. F. Schmidt, Technische Hochschule Aachen,
Technischer Stand und Zukunftsaussichten der Verbrennungsmaschinen, insbesondere der Gasturbinen
Dr.-Ing. R. Friedrich, Siemens-Schuckert-Werke A.-G., Mülheimer Werk,
Möglichkeiten und Voraussetzungen der industriellen Verwertung der Gasturbine

Heft 2:
Prof. Dr.-Ing. Wolfgang Riezler, Universität Bonn,
Probleme der Kernphysik
Prof. Dr. phil. Fritz Micheel, Universität Münster,
Isotope als Forschungsmittel in der Chemie und Biochemie

Heft 3:
Prof. Dr. med. Emil Lehnartz, Universität Münster,
Der Chemismus der Muskelmaschine
Prof. Dr. med. Gunther Lehmann, Direktor des Max-Planck-Instituts für Arbeitsphysiologie, Dortmund,
Physiologische Forschung als Voraussetzung der Bestgestaltung der menschlichen Arbeit
Prof. Dr. Heinrich Kraut, Max-Planck-Institut für Arbeitsphysiologie, Dortmund,
Ernährung und Leistungsfähigkeit

Heft 4:
Prof. Dr. Franz Wever, Max-Planck-Institut für Eisenforschung, Düsseldorf,
Aufgaben der Eisenforschung
Prof. Dr.-Ing. Hermann Schenck, Technische Hochschule Aachen,
Entwicklungslinien des deutschen Eisenhüttenwesens
Prof. Dr.-Ing. Max Haas, Techn. Hochschule Aachen,
Wirtschaftliche und technische Bedeutung der Leichtmetalle und ihre Entwicklungsmöglichkeiten

Heft 5:
Prof. Dr. med. Walter Kikuth, Medizinische Akademie Düsseldorf,
Virusforschung
Prof. Dr. Rolf Danneel, Universität Bonn,
Fortschritte der Krebsforschung
Prof. Dr. med. Dr. phil. W. Schulemann, Univ. Bonn,
Wirtschaftliche und organisatorische Gesichtspunkte für die Verbesserung unserer Hochschulforschung

Heft 6:
Prof. Dr. Walter Weizel, Institut für theoretische Physik, Bonn,
Die gegenwärtige Situation der Grundlagenforschung in der Physik
Prof. Dr. Siegfried Strugger, Universität Münster,
Das Duplikantenproblem in der Biologie
Prof. Dr. Rolf Danneel, Universität Bonn,
Über das Verhalten der Mitochondrien bei der Mitose der Mesenchymzellen des Hühner-Embryos
Direktor Dr. Fritz Gummert, Ruhrgas A.-G., Essen,
Überlegungen zu den Faktoren Raum und Zeit im biologischen Geschehen und Möglichkeiten einer Nutzanwendung

Heft 7:
Prof. Dr.-Ing. August Götte, Technische Hochschule Aachen,
Steinkohle als Rohstoff und Energiequelle
Prof. Dr. e. h. Karl Ziegler, Max-Planck-Institut für Kohlenforschung Mülheim a. d. Ruhr,
Über Arbeiten des Max-Planck-Instituts für Kohlenforschung

Heft 8:
Prof. Dr.-Ing. Wilhelm Fucks, Technische Hochschule Aachen,
Die Naturwissenschaft, die Technik und der Mensch
Prof. Dr. sc. pol. Walther Hoffmann, Universität Münster,
Wirtschaftliche und soziologische Probleme des technischen Fortschritts

Heft 9:
Prof. Dr.-Ing. Franz Bollenrath, Technische Hochschule Aachen,
Zur Entwicklung warmfester Werkstoffe
Dr. Heinrich Kaiser, Staatl. Materialprüfungsamt Dortmund,
Stand spektralanalytischer Prüfverfahren und Folgerung für deutsche Verhältnisse

Heft 10:
Prof. Dr. Hans Braun, Universität Bonn,
Möglichkeiten und Grenzen der Resistenzzüchtung
Prof. Dr.-Ing. Carl Heinrich Dencker, Universität Bonn,
Der Weg der Landwirtschaft von der Energieautarkie zur Fremdenergie

Heft 11:
Prof. Dr.-Ing. Herwart Opitz, Technische Hochschule Aachen,
Entwicklungslinien der Fertigungstechnik in der Metallbearbeitung
Prof. Dr.-Ing. Karl Krekeler, Technische Hochschule Aachen,
Stand und Aussichten der schweißtechnischen Fertigungsverfahren

Heft: 12
Dr. Hermann Rathert, Mitglied des Vorstandes der Vereinigten Glanzstoff-Fabriken A.-G., Wuppertal-Elberfeld,
Entwicklung auf dem Gebiet der Chemiefaser-Herstellung
Prof. Dr. Wilhelm Weltzien, Direktor der Textilforschungsanstalt Krefeld,
Rohstoff und Veredlung in der Textilwirtschaft

Heft: 13
Dr.-Ing. e. h. Karl Herz, Chefingenieur im Bundesministerium für das Post- und Fernmeldewesen Frankfurt a. Main,
Die technischen Entwicklungstendenzen im elektrischen Nachrichtenwesen
Ministerialdirektor Dipl.-Ing. Leo Brandt, Düsseldorf,
Navigation und Luftsicherung

Heft 14:
Prof. Dr. Burckhardt Helferich, Universität Bonn,
Stand der Enzymchemie und ihre Bedeutung
Prof. Dr. med. Hugo W. Knipping, Direktor der Med. Universitätsklinik Köln,
Ausschnitt aus der klinischen Carcinomforschung am Beispiel des Lungenkrebses

Heft 15:
Prof. Dr. Abraham Esau, Technische Hochschule Aachen,
Die Bedeutung von Wellenimpulsverfahren in Technik und Natur
Prof. Dr.-Ing. Eugen Flegler, Technische Hochschule Aachen,
Die ferromagnetischen Werkstoffe in der Elektrotechnik und ihre neueste Entwicklung

Heft 16:
Prof. Dr. rer. pol. Rudolf Seyffert, Universität Köln,
Die Problematik der Distribution
Prof. Dr. rer. pol. Theodor Beste, Universität Köln,
Der Leistungslohn

Heft 17:
Prof. Dr.-Ing. Friedrich Seewald, Technische Hochschule Aachen,
Die Flugtechnik und ihre Bedeutung für den allgemeinen technischen Fortschritt
Prof. Dr.-Ing. Edouard Houdremont, Essen,
Art und Organisation der Forschung in einem Industriekonzern

Heft 18:
Prof. Dr. med. Dr. phil. W. Schulemann, Universität Bonn,
Theorie und Praxis pharmakologischer Forschung
Prof. Dr. Wilhelm Groth, Direktor des Physikalisch-Chemischen Instituts, Universität Bonn,
Technische Verfahren zur Isotopentrennung

Heft 19:
Dipl.-Ing. Kurt Traenckner, Stellvertr. Vorstandsmitglied der Ruhrgas-A.G., Essen,
Entwicklungstendenzen der Gaserzeugung

Heft 21:
Prof. Dr. phil. Robert Schwarz, Aachen,
Wesen und Bedeutung der Silicium-Chemie
Prof. Dr. Kurt Alder, Universität Köln,
Fortschritte in der Synthese von Kohlenstoffverbindungen

Heft 21 a
Jahresfeier der Arbeitsgemeinschaft für Forschung des Landes Nordrhein-Westfalen am 21. 5. 1952 in Düsseldorf mit Ansprachen des Herrn Bundespräsidenten Professor Dr. Theodor Heuss, des Herrn Ministerpräsidenten Arnold, Frau Kultusminister Teusch, der Herren Professor Dr. Hahn, Professor Dr. Strugger, Vizepräsident Dobbert, Professor Dr. Richter, Professor Dr. Fucks.

Heft 22:
Prof. Dr. Johannes von Allesch, Universität Göttingen,
Die Bedeutung der Psychologie im öffentlichen Leben
Prof. Dr. med. Otto Graf, Max-Planck-Institut für Arbeitsphysiologie, Dortmund,
Triebfedern menschlicher Leistung

Heft 23:
Prof. Dr. phil. Dr. jur. h. c. Bruno Kuske, Universität Köln,
Probleme der Raumforschung
Prof. Dr. Dr.-Ing. e. h. Prager,
Städtebau und Landesplanung

Heft 23 a:
M. Zvegintzov, Wissenschaftliche Forschung und die Auswertung ihrer Ergebnisse. Ziel und Tätigkeit der National Research Development Corporation
Dr. Alexander King, Department of Scientific & Industrial Research, London,
Wissenschaft und internationale Beziehungen

Heft 24:
Prof. Dr. Rolf Danneel, Universität Bonn,
Über die Wirkungsweise der Erbfaktoren
Prof. Dr. K. Herzog, Medizinische Akademie Düsseldorf,
Bewegungsbedarf der menschlichen Gliedmaßengelenke bei der Berufsarbeit

Heft 25:
Prof. Dr. O. Haxel, Heidelberg,
Energiegewinnung aus Kernprozessen
Dr. Dr. Max Wolf, Düsseldorf,
Gegenwartsprobleme der energiewirtschaftlichen Forschung

Heft 26:
Prof. Dr. Friedrich Becker, Universität Bonn,
Ultrakurzwellen aus dem Weltraum, ein neues Forschungsgebiet der Astronomie
Dozent Dr. H. Straßl, Bonn,
Bemerkenswerte Doppelsterne und das Problem der Sternentwicklung

Heft 27:
Prof. Dr. Heinrich Behnke, Universität Münster,
Der Strukturwandel der Mathematik in der ersten Hälfte des 20. Jahrhunderts
Prof. Dr. E. Sperner, Bonn,
Eine mathematische Analyse der Luftdruckverteilungen in großen Gebieten

Heft 28:
Prof. Dr. O. Niemczyk, Aachen,
Die Problematik gebirgsmechanischer Vorgänge im Steinkohlenbergbau
Prof. Dr. W. Ahrens, Krefeld,
Die Bedeutung geologischer Forschung für die Wirtschaft, besonders in Nordrhein-Westfalen

Heft 29:
Prof. Dr. B. Rensch, Münster,
Das Problem der Residuen bei Lernleistungen
Prof. Dr. H. Fink, Köln,
Über Leberschäden bei der Bestimmung des biologischen Wertes verschiedener Eiweiße von Mikroorganismen

Heft 30:
Prof. Dr.-Ing. F. Seewald, Aachen,
Forschungen auf dem Gebiete der Aerodynamik
Prof. Dr.-Ing. K. Leist, Aachen,
Forschungen in der Gasturbinentechnik

Heft 31:
Direktor Dr. F. Mietzsch, Wuppertal,
Chemie und wirtschaftliche Bedeutung der Sulfonamide
Prof. Dr. G. Domagk, Wuppertal,
Die experimentellen Grundlagen der Chemotherapie der bakteriellen Infektionen

Heft 32:
Prof. Dr. Hans Braun, Universität Bonn,
Die Verschleppung von Pflanzenkrankheiten und -schädlingen über die Welt
Prof. Dr. Wilhelm Rudorf, Max-Planck-Institut für Züchtungsforschung, Voldagsen,
Der Beitrag von Genetik und Züchtung zur Bekämpfung von Viruskrankheiten der Nutzpflanzen

Heft 33:
Prof. Dr.-Ing. V. Aschoff, Aachen,
Probleme der elektroakustischen Einkanalübertragung
Prof. Dr.-Ing. H. Döring, Aachen,
Erzeugung und Verstärkung von Mikrowellen

Heft 34:
Geheimrat Prof. Dr. Rudolf Schenck, Aachen,
Bedingungen und Gang der Kohlenhydratsynthese im Licht
Prof. Dr. Emil Lehnartz, Universität Münster,
Die Endstufen des Stoffabbaus im Organismus

Heft 35:
Prof. Dr.-Ing. H. Schenk, Aachen,
Gegenwartsprobleme der Eisenindustrie in Deutschland
Prof. Dr.-Ing. E. Piwowarsky, Aachen,
Gelöste und ungelöste Probleme des Gießereiwesens

Geisteswissenschaften

Heft 1:
Prof. Dr. W. Richter, Bonn,
Die Bedeutung der Geisteswissenschaften für die Bildung unserer Zeit
Prof. Dr. J. Ritter, Münster,
Die aristotelische Lehre vom Ursprung und Sinn der Theorie

Heft 2:
Prof. Dr. J. Kroll, Köln,
Elysium
Prof. Dr. G. Jachmann, Köln,
Die vierte Ekloge Vergils

Heft 3:
Prof. Dr. H. E. Stier, Münster,
Die klassische Demokratie

Heft 4:
Prof. Dr. W. Caskel, Köln,
Lihjan und Lihjanisch. Sprache und Kultur eines früharabischen Königreiches

Heft 5:
Prof. Dr. Th. Ohm, Münster,
Stammesreligionen im südlichen Tanganyika-Territorium. — Religionswissenschaftliche Ergebnisse meiner Ostafrikareise 1951

Heft 6:
Prälat Prof. Dr. G. Schreiber, Münster,
Deutsche Wissenschaftspolitik von Bismarck bis zum Atomphysiker Otto Hahn

Heft 7:
Prof. Dr. W. Holtzmann, Bonn,
Das mittelalterliche Imperium und die werdenden Nationen

Heft 8:
Prof. Dr. W. Caskel, Köln,
Die Bedeutung der Beduinen in der Geschichte der Araber

Heft 9:
Prälat Prof. Dr. G. Schreiber, Münster,
Iroschottische und angelsächsische Kultureinflüsse im Mittelalter

Heft 10:
Prof. Dr. P. Rassow, Köln,
Forschungen zur Reichsidee im 16. und 17. Jahrhundert

Heft 11:
Prof. Dr. H. E. Stier, Münster,
Roms Aufstieg zur Weltherrschaft

Heft 12:
Prof. Dr. D. K. H. Rengstorf, Münster,
Zum Problem der Gleichberechtigung zwischen Mann und Frau auf dem Boden des Urchristentums
Prof. Dr. H. Conrad, Bonn,
Grundprobleme einer Reform des Familienrechts

Heft 13:
Professor Dr. Max Braubach, Bonn,
Der Weg zum 20. Juli 1944 — Ein Forschungsbericht

Heft 14:
Prof. Dr. Paul Hübinger, Münster
Das deutsch-französische Verhältnis und seine mittelalterlichen Grundlagen

Heft 15:
Prof. Dr. Franz Steinbach, Bonn,
Der geschichtliche Weg des wirtschaftenden Menschen in die soziale Freiheit und politische Verantwortung

Heft 16:
Prof. Dr. Josef Koch, Köln,
Die Ars coniecturalis des Nikolaus von Cues

Heft 17:
Dr. James B. Conant,
U.S.-Hochkommissar für Deutschland,
Staatsbürger und Wissenschaftler
Prof. Dr. D. Karl Heinrich Rengstorf, Münster,
Antike und Christentum

Heft 18:
Prof. Dr. Richard Alewyn, Köln,
Klopstocks Publikum

Heft 19:
Prof. Dr. Fritz Schalk, Köln,
Das Lächerliche in der französischen Literatur des Ancien Régime

Heft 20:
Prof. Dr. Ludwig Raiser, Bad Godesberg,
Präsident der Deutschen Forschungsgemeinschaft
Rechtsfragen der Mitbestimmung

Heft 21:
Prof. D. Martin Noth, Bonn,
Das Geschichtsverständnis der alttestamentlichen Apokalyptik
Prof. Dr.-Ing. Wilhelm Fucks, Aachen
Einige Probleme aus der Theorie des Sprechens, der Sprachen und des Sprechstils in mathematischer Behandlung

If you have any concerns about our products,
you can contact us on
ProductSafety@springernature.com

In case Publisher is established outside the EU,
the EU authorized representative is:
Springer Nature Customer Service Center GmbH
Europaplatz 3, 69115 Heidelberg, Germany

Printed by Libri Plureos GmbH
in Hamburg, Germany